卓越工程师培养系列

51单片机快速入门教程

潘志铭　李健辉　主　编

张　博　董　磊　副主编

U0228173

清华大学出版社

北　京

内 容 简 介

本书以实例为主导，以 51 核心板为开发平台，涵盖了 51 单片机开发基础、C51 程序设计基础、I/O 引脚、中断、定时器/计数器、通信、看门狗、Flash 等内容，详细介绍了 STC89 C52RC 芯片的大部分片上功能。本书 10 个实例均包括每章实例所需要的知识、实例与代码解析、思考题和应用实践四大环节，每个实例都有详细的步骤和源代码。本书章节名称中带有"*"标志的为选读内容，但并不意味着这部分内容不重要。读者可以根据自己的学习需求选择是否阅读。

本书配套的资料包既包括 51 核心板原理图、例程、软件包、软件资料，又包括配套的 PPT 讲义、视频等资料，且持续更新。最新下载链接可通过微信公众号"卓越工程师培养系列"获取。编者建议，在学习本书的过程中，读者不仅要看要练，更要勤学多思。读者在阅读章节内容后，可在独立思考的情况下编写实例代码，最后独立完成思考题和应用实践部分。

本书既可作为高等院校相关专业的教材，也可供从事单片机开发的工程技术人员参考。

图书在版编目(CIP)数据

51 单片机快速入门教程 / 潘志铭，李健辉主编. —北京：清华大学出版社，2023.4
(卓越工程师培养系列)
ISBN 978-7-302-62932-0

I. ①5··· II. ①潘··· ②李··· III. ①微控制器—教材 IV. ①TP368.1

中国国家版本馆 CIP 数据核字(2023)第 036112 号

责任编辑：王 定
封面设计：周晓亮
版式设计：思创景点
责任校对：马遥遥
责任印制：刘海龙

出版发行：清华大学出版社
    网　　址：http://www.tup.com.cn，http://www.wqbook.com
    地　　址：北京清华大学学研大厦 A 座　　　　　　邮　编：100084
    社 总 机：010-83470000　　　　　　　　　　　邮　购：010-62786544
    投稿与读者服务：010-62776969，c-service@tup.tsinghua.edu.cn
    质 量 反 馈：010-62772015，zhiliang@tup.tsinghua.edu.cn
印 装 者：北京同文印刷有限责任公司
经　　销：全国新华书店
开　　本：185mm×260mm　　　印　　张：12.5　　　字　数：295 千字
版　　次：2023 年 5 月第 1 版　　　印　　次：2023 年 5 月第 1 次印刷
定　　价：59.80 元

产品编号：099898-01

前　言

入门学习单片机时，是选择开发较为复杂，但功能丰富的 32 位单片机，如 GD32 或 STM32，还是选择开发更为简单，但功能有限的 8 位单片机，如 51 单片机？不少初学者会有这样的困惑。

对于初学者而言，要想精通 32 位单片机开发，需要掌握复杂的外设、众多的寄存器及寄存器与应用层之间的固件库等知识。这些概念很容易让初学者望而生畏，而 51 单片机的内部结构、功能和使用方法都相对简单。如果初学者在学习 32 位单片机之前，先学习 8 位单片机，不仅可以降低单片机的学习门槛，而且更容易提高学习单片机的兴趣。

51 单片机诞生于 1981 年，在过去 40 多年间，不仅没有销声匿迹，反而日久弥新。虽然业界主流的单片机已经由 8 位转变为 32 位，但是 51 单片机在产品开发中仍然有着重要的地位。近年来，仍有厂商在 8051 内核上添加新的功能，推出基于 8051 内核的新产品。在新型微处理器运行速度越来越快、片上功能越来越丰富的今天，51 单片机这位"元老"在微控制器领域仍占有一席之地。在一些需要低成本、低功耗、对可靠性要求高的系统中，仍能见到 51 单片机的身影，其经典地位毋庸置疑。

那么如何学习 51 单片机呢？目前，市面上的 51 单片机教材种类繁多，内容从理论到实战，从硬件到软件，从汇编到 C 语言，从仿真到开发板实操，比比皆是。网络上也有许多优质的视频教程，关于 51 单片机的开发教程及使用技巧，前人之述备矣。然而，繁杂纷扰的信息容易让初学者在浩瀚的书海中迷失方向，不知从何入手；也有初学者会在一个知识点上"越陷越深"，无法把握前行的方向，踌躇不前。诚然，知识的广度与深度都很重要，刻苦钻研的精神也值得赞赏，但是，选择往往比努力更重要。选择一本合适的工具书籍，往往能够帮助读者事半功倍地入门 51 单片机开发。

本书专为单片机初学者打造，以"快速入门"为前提，旨在为初学者提供一条入门单片机的新路径。书中所有的知识点都经过精炼，由浅入深，并通过浅显易懂的描述来介绍 51 单片机的相关概念。除基础知识外，本书还提供了选读内容，满足不同层次读者的学习需求。希望读者在阅读本书后能熟悉 51 单片机的开发环境，独立完成 51 单片机程序的编写，并提高对单片机开发的兴趣。衷心希望本书能帮助读者在学习单片机的过程中少走一些弯路，带领读者走进精彩纷呈的单片机世界。

潘志铭和董磊策划了本书的编写思路，指导全书的编写，对全书进行统稿；李健辉、张博和郭文波在教材编写、例程设计和文字校对方面做了大量的工作。本书配套的 51 核心板和例程由深圳市乐育科技有限公司开发，深圳市乐育科技有限公司还参与了本书的编写。清华大学出版社王定编辑为本书的出版做了大量的编辑和校审工作。特别感谢深圳大学电子与信息工程学院、深圳大学生物医学工程学院、西安交通大学生命科学与技术学院、深圳市乐育科技有限公司和清华大学出版社的大力支持，在此一并致以衷心的感谢！

　　由于编者水平有限，书中难免有不成熟与疏漏之处，恳请读者批评指正。若读者在阅读本书时遇到问题，或需要获取相关资料，可通过邮箱 ExcEngineer@163.com 与编者联系。

　　本书提供教学课件，读者可扫下列二维码下载。

教学课件

编　者

2023 年 2 月

目　录

第 1 章

STC89 C52RC开发平台和工具

本章主要介绍单片机的概念和 STC89 C52RC 芯片的功能、引脚、存储结构，以及 51 核心板最小系统电路，为后续的开发打下理论基础。此外，本章还会介绍 51 单片机开发环境的搭建方法，为后续的开发准备好工具。

❖ 初识单片机

❖ STC89 C52RC 介绍

❖ *51 核心板最小系统电路介绍

❖ 搭建开发环境

1.1 初识单片机

单片机随处可见，日常生活中的电器大多是通过单片机进行控制的。以全自动洗衣机为例，在洗涤前设置好洗衣模式、洗衣时间，它便能在单片机的控制下按照一定的程序供水、漂洗并脱水。在工业领域，单片机也广泛运用在自动控制、数据采集及测控等场景中。

1.1.1 单片机的概念

单片机，全称为单片微型计算机(single chip microcomputer)，又称微控制器单元(microcontroller unit，MCU)，是采用超大规模集成电路技术把具有数据处理能力的中央处理器(central processing unit，CPU)、随机存储器(random access memory，RAM)、只读存储器(read only memory，ROM)、I/O(input/output，输入/输出)口和中断系统、定时器/计数器等功能集成到一块硅片上构成的一个小而完善的微型计算机系统。与应用在个人计算机中的CPU相比，单片机更强调集成化与低成本。CPU要完成单片机的工作，就必须连接一些其他芯片。例如，大多数 CPU 芯片上没有数据存储器，需要外接存储芯片，并且还需要通过外部数据总线来实现二者之间的数据传递。而单片机则相对独立，只需要外接电源和晶振即可开始工作。一些新型的单片机带有内置晶振，只需要接上电源便可以工作。同时，单片机具有丰富的I/O设备及片上功能，如模/数转换器、定时器、中断、串口等，这些集成在单片机内部的功能可以通过软件编程来操作。

1.1.2 常见的 51 单片机种类

单片机诞生于 1971 年，早期的单片机都是 4 位或 8 位的。MCS-51 是 Intel 公司所有单片机系列的总称。其中，最成功的是 Intel 公司推出的 8031 系列单片机。1981 年，Intel公司在 8031 单片机内核基础上发展出了 8051 单片机。

在后来的版本中，采用 CHMOS 芯片制造工艺的单片机命名中带有字母"C"，如80C51；衍生出带有 EEPROM(electrically erasable programmable ROM，电擦除可编程只读存储器)型号的第二位数字为"9"，如 89C51。按照内部存储器的配置，51 单片机的常见型号分类如表 1-1 所示。

表 1-1   不同内部存储器的 51 单片机

内部存储器的配置	常见型号
无ROM型	8031、80C31、8032、80C32等
带MaskROM型	8051、80C51、8052、80C52等

（续表）

内部存储器的配置	常见型号
带EPROM型	8751、87C51、8752等
带EEPROM型	8951、89C51、8952、89C52等

采用更大容量的内部存储器及随机存储器，并且拥有 3 个定时器/计数器的增强型芯片型号的最末位数字为"2"，如89C52，如表1-2所示。

表 1-2　不同规格的 51 单片机

内部存储器的容量大小	随机存储器的容量大小	定时器/计数器的数量	常见型号
4KB	128B	2	80C51、89C51等
8KB	256B	3	80C52、89C52等

Intel 授权其他厂商知识产权后，出现了一系列以 8051 内核为基础进行改进、增强的型号，如表 1-3 所示。由于生产厂商众多，此处不一一列举。

表 1-3　51 单片机芯片的生产厂商及部分产品

公司	产品
飞利浦	P80C52、P87C54、P87C58、P87C524等
西门子	C501-1E、C501-1R、C504-2R、C513A-H等
STC	STC89 C51、STC89 C51RC、STC89 C52RC、STC89 C58RC等
Atmel	AT89C51、AT89C52、AT89S51、AT89S52等

虽然衍生产品种类繁多，但它们都是基于 8051 或 8052 内核改进而来的，均可统称为"51 单片机"。掌握其中一种 51 单片机的开发方法，就能快速上手其他型号的 51 单片机开发。

1.1.3　STC 单片机的命名规则

每个公司都有特定的单片机命名规则，以 STC 公司为例，它旗下的 51 单片机产品的命名规则如图 1-1 所示。

根据一次操作能够处理的数据宽度，单片机可以分为 4 位、8 位、16 位和 32 位单片机。通常位数越高的单片机性能越强，片上资源越丰富，能够实现的功能越多。

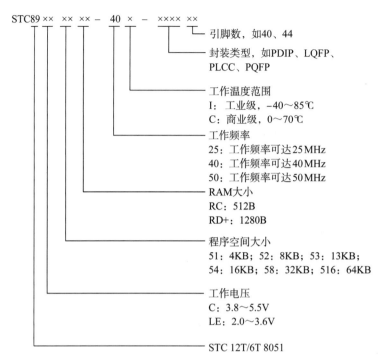

图 1-1   STC 公司 51 单片机产品的命名规则

1.2 STC89 C52RC 介绍

视频 1-2

STC89 C52RC 是 STC 公司推出的低功耗、具有较强抗干扰能力的单片机，其指令代码完全兼容传统的 8051 单片机，工作电压为 3.8～5.5V，具有 8KB Flash、512B SRAM (static RAM，静态随机存储器)、3 个定时器、1 个 UART(universal asynchronous receiver/transmitter，通用异步接收发送设备)串口、1 个看门狗及 8 个中断源，最多可提供 39 个 I/O 引脚，且内置4KB EEPROM。相较于STC 公司新型的STC15、STC12 系列单片机，虽然 STC89 C52RC 的片上资源及功能相对匮乏，且运行速度较慢，但 STC89 C52RC 单片机仍然是目前学习资料丰富的 51 单片机之一，其内部功能较为简单，更有利于初学者入门。

1.2.1 结构框架

学习一款芯片，即学习其内部功能的使用方法。STC89 C52RC 芯片内部包含 CPU、程序存储器、数据存储器、定时器/计数器、特殊功能寄存器、中断系统、并行 I/O 端口、串行端口、EEPROM 及看门狗模块，其结构框架如图 1-2 所示。

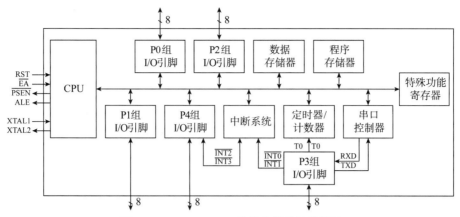

图 1-2　STC89 C52RC 芯片内部的结构框架

1.2.2　引脚功能

　　引脚即从芯片内部电路引出到外部电路的接线,是芯片内部电路与外部电路之间的沟通桥梁。51 核心板上的 STC89 C52RC 芯片采用 LQFP(lastic quad flat package,塑料四面扁平封装)封装形式,共有 44 个引脚,其引脚分布如图 1-3 所示。左下角圆圈位置为 1 号引脚,沿逆时针方向引脚序号依次递增。注意,引脚名称上带有上画线(如 $\overline{EA}$)或引脚名称后带有"#"号(如 EA#)的引脚均为低电平有效引脚,即引脚为低电平状态时触发相应的功能。此外,STC89 C52RC 也有 40 个引脚的版本,但封装为 PDIP(plastic dual in-line package,塑料双列直插封装),应用场景较少。

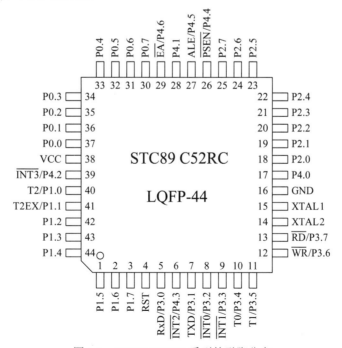

图 1-3　STC89 C52RC 系列的引脚分布

按照引脚功能划分，可以将 44 个引脚归为 3 类：①电源和时钟引脚；②通用 I/O 引脚；③硬件控制引脚。下面介绍这 3 类引脚及其作用。

1. 电源和时钟引脚

(1) VCC：接入 3.8～5.5V 电源，通常需要接 5V。

(2) GND：接地。

(3) XTAL1/XTAL2：内部时钟电路反相放大器的输入端和输出端，接入晶振和微调电阻形成自激振荡器，或仅在 XTAL1 引脚接入时钟信号。

2. 通用 I/O 引脚

在 51 核心板上的 STC89 C52RC 芯片具有 P0～P4 共 5 组 I/O 引脚。除 P4 组仅有 P4.0～P4.6 共 7 个引脚外，P0～P3 组均有 8 个引脚。其中，P0 组为双向 I/O 引脚，内部不含上拉电阻，不能正常输出高电平或低电平，当 P0 组引脚用作 I/O 口时，需要外接(4.7～10)kΩ 的上拉电阻；当 P0 组作为地址或数据线时，不需要外接上拉电阻。P1～P4 组为准双向 I/O 引脚，内部含有上拉电阻，可以直接输出高电平或低电平。关于上拉电阻的作用及 I/O 引脚的结构原理，将在 3.4 节中进行介绍。

部分引脚不仅可以用作 I/O 功能，还具有复用功能，如表 1-4 所示。

表 1-4　具有复用功能的引脚

组别	名称	序号	复用功能	复用功能说明
P1	P1.0	40	T2	定时器2外部输入引脚
	P1.1	41	T2EX	定时器2捕获/重装方式控制
P3	P3.0	5	RXD	串口数据接收引脚
	P3.1	7	TXD	串口数据发送引脚
	P3.2	8	$\overline{INT0}$	外部中断0触发引脚
	P3.3	9	$\overline{INT1}$	外部中断1触发引脚
	P3.4	10	T0	定时器0外部输入引脚
	P3.5	11	T1	定时器1外部输入引脚
	P3.6	12	$\overline{WR}$	外部存储器写脉冲
	P3.7	13	$\overline{RD}$	外部存储器读脉冲
P4	P4.2	39	$\overline{INT3}$	外部中断3触发引脚
	P4.3	6	$\overline{INT2}$	外部中断2触发引脚

3. *硬件控制引脚

(1) RST：Reset，复位引脚，当输入的高电平信号持续两个机器周期以上时，单片机进行复位初始化操作。机器周期的概念将在本书 8.1 节中进行介绍。

(2) $\overline{EA}$：External Access，内外程序存储器选择引脚。该引脚为高电平时，单片机优先读取内部程序存储器(单片机的内部 Flash)，若有外扩的外部程序存储器，则在内部程序存储器读取完毕后自动读取外部程序存储器；当该引脚为低电平时，仅读取外部程序存储器。STC89 C52RC 的内部程序存储器用于存储用户程序，容量为 8KB。如果内部程序存储器无法为用户程序提供足够的存储空间，则可以将用户程序存入外部程序存储器，此时要通过 $\overline{EA}$ 引脚控制单片机从内部或外部程序存储器启动。$\overline{EA}$ 引脚为高电平时，单片机从内部程序存储器开始执行程序，为低电平时，从外部程序储存器开始执行程序。

(3) PSEN：Program Strobe Enable，外部程序存储器使能信号输出引脚。从外部程序存储器读取数据时，$\overline{PSEN}$需要保持低电平。

(4) ALE：Adress Latch Enable，地址锁存允许信号输出引脚。在访问外部程序存储器时，P0 组的 8 个 I/O 引脚为地址/数据复用口，ALE 信号为锁存低 8 位地址的控制信号。当 ALE 信号为高电平时，P0 组的 8 个引脚电平状态组成的 8 位值(低电平为 0，高电平为 1)为低 8 位地址，在 ALE 信号的下降沿，P0 组引脚上的 8 位地址被传输到地址触发器进行锁存。在 ALE 为低电平期间，P0 组上的 8 位值为指令或数据信息。不访问外部存储器时，ALE 引脚会持续输出脉冲信号，频率为晶振频率的 1/6。

1.2.3　*存储结构

STC89 C52RC 芯片内部有两种类型的存储器，根据各自的读写速度及特性，其用途也有所不同，如表 1-5 所示。

表 1-5　STC89 C52RC 芯片内部存储器的类型

名称	读写速度	特性	用途举例
Flash (闪存存储器)	较慢	断电后数据不丢失， 成本较低，容量大	存储用户程序、只读数据
SRAM (静态随机存储器)	快	断电后数据丢失， 成本较高，容量小	存储随机数据

单片机的程序和数据等信息都是以二进制数的形式存储在存储器中的，最小的信息单位是位(bit，简写为 b)，8 位二进制数组成 1 字节(Byte，简写为 B)。关于二进制、十进制与十六进制之间的转换关系可参考附录 A。

将存储器按照一定的规则进行分组编号，即可有序地存取数据。首先，存储器被划分为若干存储单元，每个存储单元能够存储 8 位二进制数(8bit)，即 1B。其次，在每个存储单元内部，最左侧为第 7 位(bit[7])，也称最高位；最右侧为第 0 位(bit[0])，也称最低位，如图 1-4 所示。

图 1-4　存储单元的位序号

一系列的存储单元从 0 开始顺序编号，如同门牌号。这些编号通常采用十六进制数表示，也称地址。单片机通过地址访问对应的存储单元，即可实现数据存取。STC89 C52RC 芯片的内部存储器各自独立编址，地址结构如图 1-5 所示。

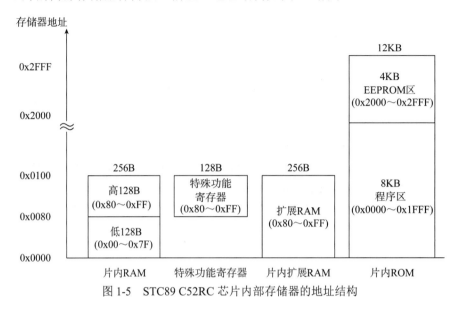

图 1-5　STC89 C52RC 芯片内部存储器的地址结构

1. Flash 存储器

STC89 C52RC 芯片内部集成了 Flash 存储器，其程序区容量为 8KB(1KB=1024B)，在 51 单片机内用作 ROM。在单片机正常运行程序的过程中，一般只能从中读取数据而不能写入数据，只有在单片机下载程序时，Flash 存储器中的内容才会被擦除并写入新数据。此外，也可以采用 IAP 技术对 Flash 存储器进行读写，这部分内容将在第 12 章中进行介绍。

2. SRAM 存储器

STC89 C52RC 芯片集成了 256B 内部 SRAM，在 51 单片机内用作 RAM，用于存取单片机程序在运行过程中产生的随机数据。其中，随机指的是读写方法，ROM 可以随机读取但只能顺序写入，而 RAM 可随机读写，不需要按照顺序进行写操作。

另外，在 8052 单片机内核的基础上，芯片厂商为 STC89 C52RC 芯片额外增加了 256B 内部扩展 SRAM，因此 STC89 C52RC 芯片共有 512B SRAM。扩展 SRAM 在物理上属于片上，但在逻辑上属于片外 RAM。

1) 低 128B RAM

低 128B RAM 是 STC89 系列芯片最基本的 RAM，结构如图 1-6 所示。

(1) 工作寄存器组。地址范围 0x00～0x1F 为工作寄存器组区(工作组)。通过使用工作寄存器组，可以提高 CPU 的运算速度。

(2) 可位寻址区。地址范围 0x20～0x2F 为可位寻址区，共 16 字节，128 位。该区域既可按字节寻址，也可按位寻址，既可以像普通 RAM 一样按字节存取，也可以对 128 位中

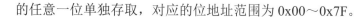

的任意一位单独存取，对应的位地址范围为 0x00～0x7F。

图 1-6　低 128B RAM 结构

　　寻址方式是汇编语言编程中的概念。在汇编语言中，一条汇编语句由操作码和操作对象组成，而寻找操作对象的方式则称为寻址方式。寻址方式有多种，如直接寻址、间接寻址、寄存器寻址等，其中位寻址针对内部数据 RAM 和特殊功能寄存器 SFR 进行，即直接对寄存器中的每一位进行操作。在 C51 中，可以通过 sbit 关键字对可位寻址的寄存器中的某一位进行定义并访问，这部分内容将在 2.2.2 节中进行介绍。

　　(3) 通用 RAM 区。地址范围 0x30～0x7F 为通用 RAM 区，该区域一般作为数据缓冲区。

　　2) 高 128B RAM

　　地址范围 0x80～0xFF 为高 128B RAM 区，该区域为普通随机数据存储区域。从地址上看，高 128B RAM 区与特殊功能寄存器 SFR 的地址是重合的，二者的起始地址均为 0x80，但在物理上是独立的。在编写程序时，可通过不同的访问方式区分 CPU 需要访问的究竟是 RAM 还是 SFR。例如，虽然每个班都有学号为 12 的学生，但是可以通过班级进行区分，即 3 班的 12 号或 4 班的 12 号来确定唯一一位学生。在汇编语言中，SFR 必须使用直接寻址指令访问，即操作对象由 8 位地址指定。在 C51 中，访问 SFR 必须先通过 sfr 关键字进行定义，或通过 sbit 关键字进行位定义。

　　3) 特殊功能寄存器 SFR

　　SFR 是单片机内部的控制台，大部分内部资源及功能由 SFR 控制。SFR 寄存器的作用可以理解为控制信号，如里面的某一位可以理解为对应内部电路中的某一个电子开关，值为 1 时开关就打开，为 0 时开关关闭。SFR 寄存器的值一旦改变，开关状态立刻随之改变。如果开关的状态发生了变化，SFR 寄存器里面的值也会发生变化。关于 SFR 寄存器的访问方式及其功能，将在接下来的章节中详细介绍。注意，只有地址为 8 的倍数(如 0x88 和 0xD0)的 SFR 才可以进行位寻址。

　　4) 内部扩展 RAM

　　STC89 C52RC 芯片内部除 256B RAM 外，还集成了 256B 的内部扩展 RAM 区。此 RAM

区在物理上属于内部，但是在逻辑上属于外部，访问方式与传统 8051 单片机访问外部扩展 RAM 的方式一致。在 C51 中，通过 xdata 关键字指定变量存储在内部扩展 RAM 区，详细的访问方法将在 2.3.1 节中进行介绍。

视频 1-3

1.3　*51 核心板最小系统电路介绍

与本书配套的 51 核心板是专门为单片机初学者量身定制的一款学习板，外观如图 1-7 所示。51 核心板电路可以分为最小系统电路及外部硬件电路。

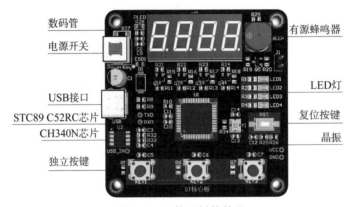

图 1-7　51 核心板的外观

51 核心板上有电源开关、复位按键、USB(universal serial bus，通用串行总线)接口、STC89 C52RC 芯片、CH340N 芯片，集成了数码管、有源蜂鸣器、4 个 LED(light emitting diode，发光二极管)灯及 3 个独立按键。

最小系统指支持 STC89 C52RC 芯片运行的最基本电路，具体分为电源电路、时钟电路和复位电路，下面将进行详细的介绍。

1.3.1　电源电路

"巧妇难为无米之炊"，只有接上电源，单片机才能正常工作。电源电路为 51 核心板提供稳定的电流，原理图如图 1-8 所示。其中，USB1 为 Type-C 接口，通过 Vbus 引脚引出 5V 电源至 USB_IN 网络。SS14 为肖特基二极管，用于反极性保护。ESD1 为瞬态抑制二极管，防止静电对元器件造成损害。PowerKey 为自锁式双刀双掷电源开关，两路开关并联能为后级电路提供更大的电流。当开关弹起时，1、4 端分别与 3、6 端连接，并与限流电阻 R_{27} 和 GND 连接，确保此时单片机能够彻底放电。当开关按下时，2、5 端分别与 3、6 端连接，此时 USB_IN 与 VCC 相连，为单片机供电。PLED 为电源指示灯。当开关按下，系统通电时，电流通过限流电阻 R_{28} 流向 GND，此时 PLED 亮起。电容 C_8 与 C_1 均用于稳定电压。而容值较小的 C_9 为滤波电容，用于滤除高频信号。

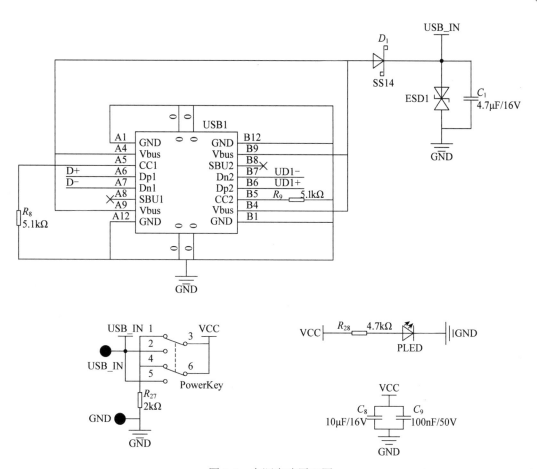

图 1-8　电源电路原理图

1.3.2　时钟电路

时钟电路产生稳定的振荡频率，是单片机系统的"心脏"，CPU 将会按照时钟电路产生的振荡节奏工作。51 核心板时钟电路原理图和外观分别如图 1-9 和图 1-10 所示。其中，Y_1 为晶振，经典的 51 单片机系统中常用的晶振频率有 12MHz、11.0592MHz 及 6MHz。电容 C_{13} 和 C_{14} 有助于晶振起振并且稳定振荡频率，R_{34} 用于使晶振工作更加稳定。

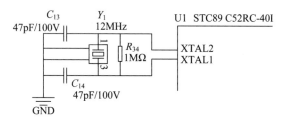

图 1-9　51 核心板时钟电路原理图

图 1-10　51 核心板时钟电路外观

1.3.3　复位电路

复位即指恢复到初始状态。向 STC89 C52RC 芯片的 RST 引脚输入 2 个机器周期以上的高电平信号，即可进入复位状态。51 核心板的复位电路原理图如图 1-11 所示。电容具有通交流隔直流的作用，51 核心板通电瞬间，电容 C_{12} 充电，此时 C_{12} 可以看作一根导线，上下两端都为 5V，此时 RST 引脚为高电平状态。随着充电电流逐渐减小，并且在下拉电阻 R_{25} 的作用下，RST 引脚的电平状态由高电平变为低电平，此时单片机结束复位状态，开始运行程序。通电复位的意义在于，每次通电启动时，将所有内部寄存器都恢复为初始值，保证单片机每次通电启动后都能从一个确定的初始状态开始工作。

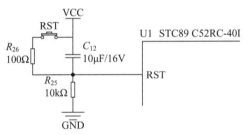

图 1-11　51 核心板的复位电路原理图

在单片机"死机"时，也可以通过 RST 按键进行手动复位。51 核心板上的 RST 按键外观如图 1-12 所示，它相当于重启键。当按下按键时，VCC、R_{26}、R_{25} 与 GND 构成分压电路，RST 引脚的电压即为 R_{26} 分得的电压，此时 RST 引脚为高电平状态。当松开按键时，RST 引脚变为低电平状态，此时单片机结束复位状态，重新开始运行程序。除使用 RST 引脚复位外，51 单片机还能够通过软件复位、关电复位和看门狗复位，这部分内容将在 11.1 节中进行介绍。

图 1-12　51 核心板上的 RST 按键外观

▶ 1.4　搭建开发环境

搭建开发环境是入门单片机开发最重要的一步，也是接下来进行单片机开发学习的基础。单片机常见的开发环境有 Keil、IAR Embedded Workbench IDE 及开源的 SDCC 编译器等，开发 51 单片机常用的是 Keil C51。Keil C51 是专为 51 单片机打造的集程序编辑、编译、调试、仿真等功能于一体的集成开发环境。本书的所有例程均基于 Keil C51 Vision 9.52 软件，建议读者选择相同版本的开发环境进行操作。

1.4.1　本书资料包

本书配套的资料包可在微信公众号"卓越工程师培养系列"获取，本书配套资料包清单如表 1-6 所示。

表 1-6　本书配套资料包清单

序号	文件夹名称	文件夹介绍
1	开发工具	存放本书使用到的开发工具软件，如Keil C51安装程序、STC-ISP软件及CH340驱动程序等
2	原理图	存放51核心板的PDF版本原理图
3	例程资料	存放51核心板的综合测试例程、实例例程及本章任务的参考程序
4	PPT讲义	存放配套PPT讲义
5	视频资料	存放配套视频资料
6	软件资料	存放51单片机开发过程中常用的辅助软件
7	参考资料	存放51单片机用户手册及Keil使用手册等

1.4.2　Keil C51 的安装及设置

1. Keil C51 软件的安装

(1) 双击运行本书配套资料包"01.开发工具"文件夹中的 c51v952.exe 程序，在打开的如图 1-13 所示的对话框中，单击"Next"按钮。

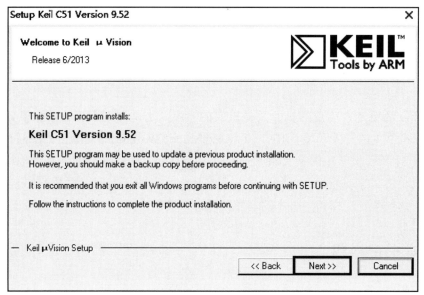

图 1-13　Keil C51 安装 1

(2) 在打开的如图 1-14 所示的界面中，选中"I agree to all the terms of the preceding License Agreement"复选框，然后单击"Next"按钮。

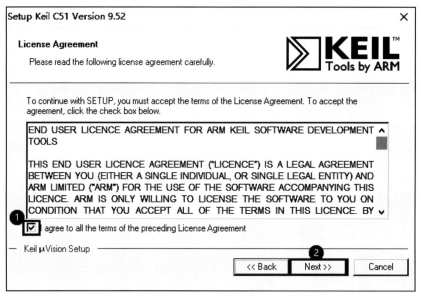

图 1-14　Keil C51 安装 2

(3) 打开的界面如图 1-15 所示，选择安装路径和存放路径，建议安装在 D 盘下的"Keil_C51"文件夹中，然后单击"Next"按钮。读者也可以自行选择安装路径。

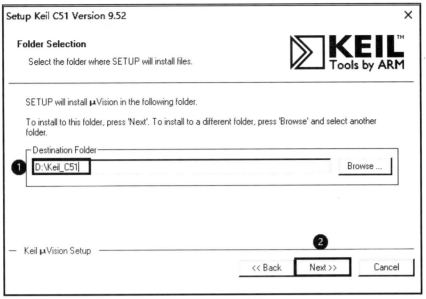

图 1-15　Keil C51 安装 3

(4) 打开如图 1-16 所示的界面，在"First Name""Last Name""Company Name"和"E-mail"文本框中输入相应的信息，然后单击"Next"按钮，软件开始安装。

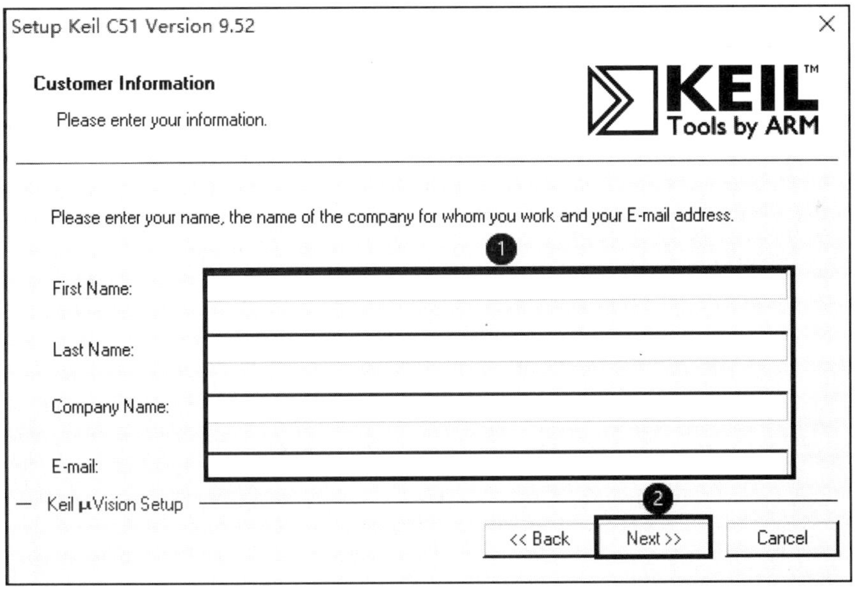

图 1-16　Keil C51 安装 4

(5) 软件安装完成后，在打开的如图 1-17 所示的界面中，取消选中"Show Release Notes"和"Add example projects to the recently used project list"复选框，然后单击"Finish"按钮。至此，Keil C51 软件安装完成。

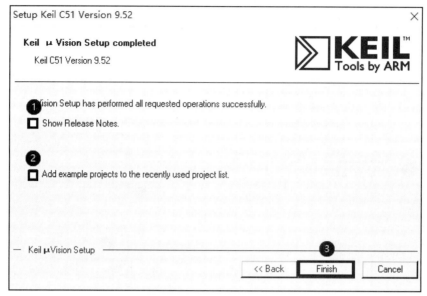

图 1-17　Keil C51 安装 5

2. 为 Keil 添加 STC MCU 数据库

Keil C51 软件中不包含 STC MCU 数据库，因此需要在软件安装完成后，手动添加相应的 MCU 数据库。

(1) 双击运行本书配套资料包"01.开发工具"文件夹中的 stc-isp-v6.88L.exe 程序，在打开的窗口中选择"Keil 仿真设置"选项卡，然后单击"添加型号和头文件到 Keil 中　添加 STC 仿真器驱动到 Keil 中"按钮，如图 1-18 所示。

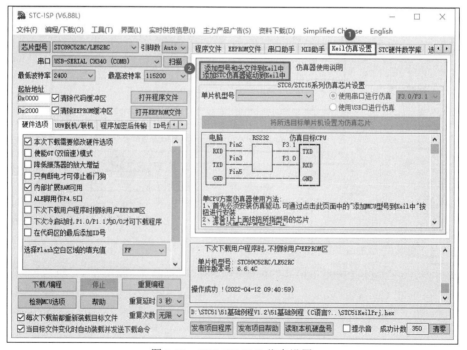

图 1-18　STC-ISP Keil 仿真设置

(2) 在打开的如图 1-19 所示的"浏览文件夹"对话框中，选择 Keil C51 软件安装路径下的"Keil_C51"文件夹，然后单击"确定"按钮。

图 1-19　"浏览文件夹"对话框

(3) 弹出如图 1-20 所示的提示框，提示 STC MCU 型号添加成功，然后单击"确定"按钮即可。

图 1-20　STC MCU 型号添加成功提示

3. Keil 软件标准化设置

完成上述步骤后，需要对 Keil 软件进行标准化设置。

(1) 在"开始"菜单找到并单击运行 Keil μVision4，然后选择菜单栏中的"Edit"→"Configuration"选项，如图 1-21 所示。

(2) 打开如图 1-22 所示的"Configuration"对话框，在"Editor"选项卡的"Encoding"下拉列表中选择"Chinese GB2312(Simplified)"选项，将编码格式改为 Chinese GB2312(Simplified)可以防止出现代码文件中输入中文乱码的现象；在"C/C++ Files"选项组中选中所有的复选框，并在"Tab size"编辑框中输入2；在"ASM Files"选项组中选中所有的复选框，并在"Tab size"编辑框中输入2；在"Other Files"选项组中选中所有的复选框，并在"Tab size"编辑框中输入2。将缩进的空格数设置为2个空格，同时将 Tab 键也设置为2个空格，这样可以防止使用不同的编辑器阅读代码时出现代码布局不整齐的现象。设置完成后单击"OK"按钮。至此，Keil C51 软件设置完成。

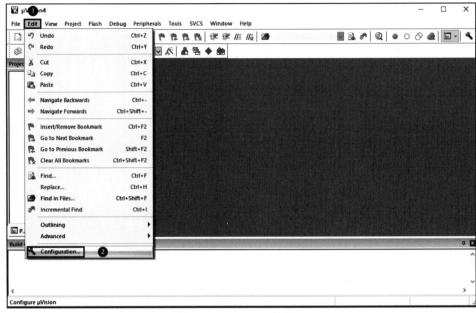

图 1-21　Keil C51 设置 1

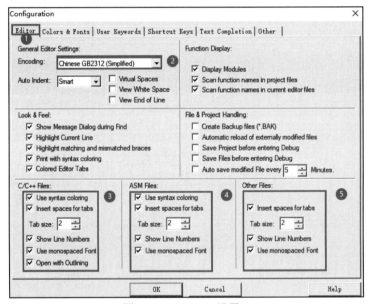

图 1-22　Keil C51 设置 2

1.4.3　STC-ISP 程序下载环境配置

1. CH340 驱动的安装

(1) 双击运行本书配套资料包"01.开发工具\CH340 USB Driver"文件夹中的 ch341ser.exe 程序，在打开的如图 1-23 所示的窗口中，单击"安装"按钮开始进行程序安装。

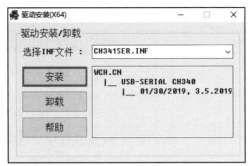

图 1-23　驱动安装步骤 1

(2) 等待驱动安装完成后，会弹出如图 1-24 所示的提示框，提示驱动安装完成。

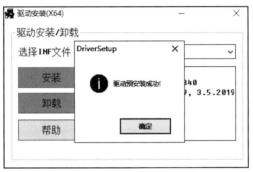

图 1-24　驱动安装步骤 2

(3) 使用 Type-C 型 USB 连接线将 51 核心板连接至计算机，打开如图 1-25 所示的"设备管理器"窗口，查看核心板的串口对应的串口号，这里为 COM3。

注意：每台计算机的串口号可能不一致。

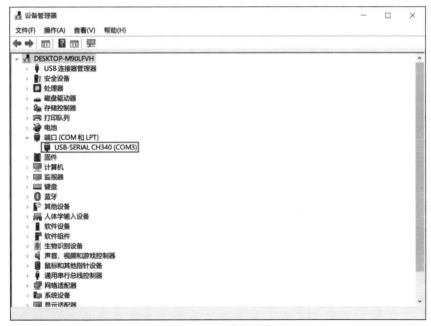

图 1-25　查看串口号

2. STC-ISP 软件

STC-ISP 是一款由 STC 公司开发的单片机下载编程烧录软件。双击运行本书配套资料包 "01.开发工具" 文件夹中的 stc-isp-v6.88L.exe 程序，进入软件主界面，如图 1-26 所示。确保驱动安装完成，以及将断电状态下的 51 核心板连接至计算机。然后在 STC-ISP 软件 "芯片型号" 下拉列表中选择 "STC89C52RC/LE52RC" 选项，单击 "扫描" 按钮，在 "串口" 下拉列表中选择核心板的串口对应的串口号(图中为 COM3)。确保硬件选项与图 1-26 中标号为④的区域一致。最后，单击 "检测 MCU 选项" 按钮，右侧信息区域显示 "正在检测目标单片机"，此时按下 51 核心板的电源开关，软件即可读取到芯片信息，并且显示 "操作成功" 字样。至此，51 单片机的开发环境搭建完毕。

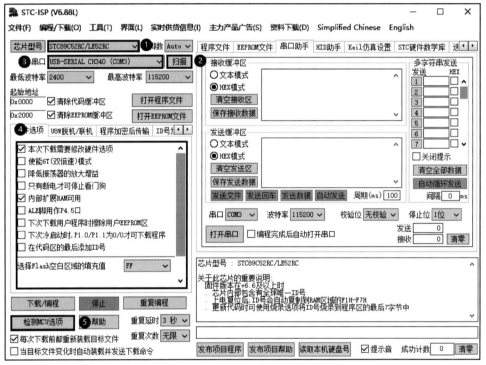

图 1-26　STC-ISP 软件主界面

3. 常见问题及解决方法

(1) CH340 驱动无法安装：先单击 "卸载" 按钮，卸载成功后再次安装。

(2) STC-ISP 无法检测到 CH340 设备：确保驱动正确安装，确保 51 核心板正确连接到计算机；尝试更换 USB 数据线，确保线缆数据传输功能完好。尝试更换计算机上的 USB 接口，对于台式计算机，建议使用机箱背面的 USB 接口，确保该接口具有数据传输功能。

(3) STC-ISP 软件的 "检测 MCU 选项" 一直停留在正在检测单片机的状态：一次尝试失败后，先单击 "停止" 按钮后再次尝试。确保先单击 "检测 MCU 选项" 按钮，然后按下 51 核心板的电源开关。如果仍然停留在检测单片机状态，则可尝试更换数据线或更换 USB 接口。

思考题

1. 什么是单片机？51 单片机有哪些分类？
2. 51 核心板上的 STC89 C52RC 芯片有哪些引脚？它们的作用是什么？
3. 什么是集成开发环境？常用的单片机开发环境有哪些？

应用实践

1. 按照 1.4.2 节的方法，搭建 51 单片机的开发环境。
2. 按照 1.4.3 节的方法，使用"检测 MCU 选项"功能读取芯片信息。

第 **2** 章

C51程序设计基础

　　单片机编程，本质上是通过编写程序对寄存器写入不同的值，控制单片机的片上功能，进而通过寄存器控制单片机各引脚的高低电平状态。寄存器值何时改变，改变成为何值，当满足何条件时就改变等，都是需要软件编程的内容指令。

　　单片机开发既可以采用汇编语言，也可以采用C语言。与汇编语言相比，C语言往往更简洁，更易于阅读和修改，更利于初学者快速入门单片机开发。本章仅介绍 C 语言中的部分内容，如数据类型、程序结构、函数、数组及指针等，凡是本书章节例程或章节任务中所涉及的 C 语言知识均会在本章介绍。对于 C 语言基础扎实的读者，可直接学习 2.2 与 2.3 节中 C51 的扩展部分内容。对于没有 C 语言基础的读者，本章内容可以作为 C 语言的快速入门参考资料，且建议在后续的学习中经常翻阅这部分内容，采用"边学边用"的方式，快速掌握 C 语言的编程方法。但是，仍然建议读者系统性地学习 C 语言，为后续深入单片机开发或嵌入式开发打下扎实的基础。

- ✧ C51 程序的基本组成部分
- ✧ C51 数据类型
- ✧ C51 变量与常量
- ✧ C51 运算符
- ✧ C51 程序结构
- ✧ C51 函数
- ✧ C51 数组
- ✧ *C51 指针
- ✧ Keil 编辑和编译及程序下载

视频 2-1

2.1 C51 程序的基本组成部分

1972 年，为了移植与开发 UNIX 操作系统，丹尼斯·里奇在贝尔电话实验室设计开发了 C 语言。C 语言是一种通用的、面向过程的计算机程序设计语言，广泛应用于系统软件和应用软件的开发，也常用于嵌入式系统的开发。

C51 是专用于 51 单片机的编程语言，它在 C 语言的基础上，针对 51 单片机的硬件结构进行了扩展。C51 的基本语法与 C 语言一致，如果读者拥有良好的 C 语言基础，就能很快地掌握 C51 编程。

一个典型的 C51 程序由包含头文件、位定义、主函数等的代码构成，以点亮 LED1 的 C51 程序为例，其代码如下。

```
#include <reg52.h>        //包含头文件,表示该单片机为8052单片机
sbit LED1 = P2^4;         //表示 LED1 连接至 P2.4 引脚
void main()               //主函数
{
  while(1)                //重复这些工作
  {
    LED1 = 0;             //将 LED1 所在的引脚设为低电平
  }
}
```

2.1.1 包含头文件

头文件是包含了函数声明、宏定义等内容的文件，在 C51 中也常常包含特殊功能寄存器定义。包含头文件有两种方式：尖括号包含(如#include <reg52.h>)和双引号包含(如#include "reg52.h")。

注意：尖括号包含通常用于包含标准库的头文件，编译器会去系统配置的库环境变量或用户配置的路径中搜索，而不会在工程的当前目录中查找；双引号包含通常用于包含用户编写的头文件，编译器会先在工程的当前目录中查找，找不到后才会去系统配置的库环境变量和用户配置的路径中搜索。

2.1.2 主函数

在 C51 程序中，主函数是最核心的部分，是程序的唯一入口。一个 C51 程序有且仅有一个主函数。

2.1.3 标识符与关键字

标识符就是给常量、变量、数组和函数等定义的名称，其命名需要遵循以下规则。

(1) 必须由字母、数字或下画线组成。

(2) 不能以数字开头。

(3) 不能是关键字。

在 C51 中，有一些单词被赋予了特定的意义，这些单词即为关键字。标识符的命名应避开关键字，常见的关键字如表 2-1 所示。其中，以浅灰色标注的关键字为本书程序中常用的关键字，在后续的学习中，会逐渐介绍这些关键字的作用，其他的关键字仅作了解。

表 2-1　常见的关键字

C语言关键字							
Auto	break	case	char	const	continue	default	do
Double	else	enum	extern	float	for	goto	while
Int	long	register	return	short	signed	sizeof	static
Struct	switch	typedef	union	unsigned	void	volatile	if
C51扩展关键字							
_at_	alien	bdata	bit	code	compact	data	idata
interrupt	large	pdata	_priority_	reentrant	sbit	sfr	sfr16
Small	_task_	using	xdata				

2.1.4 程序注释

程序注释即对程序代码的解释说明，可以增加代码的可读性。一段合格的代码，注释是必不可少的。常见的注释形式有两种：单行注释和多行注释。单行注释使用"//"符号，作用范围是从"//"开始到本行结束；多行注释使用"/*"和"*/"符号，作用范围是"/*"和"*/"之间。

2.1.5 其他规范

(1) 不允许把多个短语句写在一行中，即一行只写一条语句。在每行语句的末尾必须加英文分号";"。

(2) 当一段代码属于另一段代码的内部代码时，需要缩进。在本书中采用两个空格进行缩进，也可以使用 Tab 键进行缩进，但必须将 Tab 键设定为转换为 2 个空格，以免用不同的编辑器阅读程序时，因 Tab 键所设置的空格数目不同而造成程序布局不整齐。Keil C51 软件的缩进设置步骤请参阅 1.4.2 节。

2.2 C51 数据类型

与 C 语言相似，C51 也有不同种类的数据类型。其中，C51 在 C 语言原有的数据类型基础上进行了扩展。本节主要介绍 C51 的基本数据类型和扩展数据类型。

2.2.1 基本数据类型

C51 程序中基本的数据类型主要有字符型、整型、长整型及浮点型，其占用空间及表示范围如表 2-2 所示。

注意：在不同的平台下，C 语言数据类型的占用空间可能会不一致，此表格中的数据仅适用于 C51。

表 2-2　C51 基本数据类型

数据类型		占用空间	表示范围
字符型	无符号字符型 unsigned char	1字节	0～255
	有符号字符型 signed char	1字节	−128～127
整型	无符号整型 unsigned int	2字节	0～65535
	有符号整形 signed int	2字节	−32768～32767
长整型	无符号长整型 unsigned long int	4字节	0～(232−1)
	有符号长整型 signed long int	4字节	−231～(231−1)
浮点型	浮点型 float	4字节	±1.175494E−38～±3.402823E+38

1. 字符型

字符型常用于存放一个字符或较小的整数数字。在 51 单片机中，字符是以 ASCII 码的形式存储的，有关 ASCII 码的内容将在 10.6 节进行介绍。

2. 整型与长整型

整型一般存放整数数字，长整型通常存放较大的整数数字。

3. 浮点型

浮点型一般用于存放带小数点的数字。在 C 语言中，还有 double 类型表示双精度的浮点型数据,但在 C51 中,float 类型与 double 类型的精度一致,均为单精度浮点型。

在实际编程中,遵循尽量减少占用存储空间的原则。能够使用 char 类型表示一个数据,则不采用 int 类型,以节省存储空间,提高单片机的运行效率。另外,在不需要表示负数的场合,也应尽量使用无符号型变量。

2.2.2 扩展数据类型

除 C 语言中基本的数据类型外,C51 还对数据类型进行了扩展。常用的扩展类型有 bit、sbit、sfr 等,可以用这些关键字定义一些特殊的变量。有关于 C51 变量的定义方法,请参考 2.3.1 节。

1. 位类型 bit

bit 类型用于定义一个二进制变量,其值为 0 或 1。例如,将 *a* 定义为位类型的代码如下。

```
bit a = 1;
```

2. 位定义 sbit

前文提到了位寻址的概念。sbit 用于定义寄存器的可寻址位,格式如下。

```
sbit 名称 = 寄存器位地址;
```

以连接至 P2.4 引脚(位地址为 0xA4)的 LED1 为例,使用 sbit 定义 LED1 的代码如下。

```
sbit LED1 = 0xA4;
```

注意:只有支持位寻址的位,才可以使用 sbit 关键字进行位定义。

3. 特殊功能寄存器定义 sfr

sfr 用于定义一个特殊功能寄存器,格式如下。

```
sfr 名称 = 特殊功能寄存器地址;
```

以 P2 特殊功能寄存器为例,使用 sfr 定义 P2 的代码如下。

```
sfr P2 = 0xA0;
```

▶ 2.3 C51 变量与常量

视频 2-3

本节主要对 C51 的变量定义、作用域、命名规范及存储器类型进行简要的介绍,并且介绍了常量的定义方法。

2.3.1 变量

1. 变量的定义

在程序运行过程中，值不能被改变的量称为常量，而变量的值是可以改变的。变量必须先定义或先声明后使用，变量定义的一般格式如下。

```
类型名 变量名 = 常数/表达式;
```

其中，类型名指定变量的数据类型，即 2.2 节中介绍的数据类型。"="为赋值符号，将右边的常数或表达式的值赋给变量。

变量在定义时也可以不赋值，格式如下。

```
类型名 变量名;
```

使用这种方法定义变量时，必须先对此变量赋值，再进行访问。

2. 变量作用域

变量作用域指变量在程序中起作用的范围，超出该范围后，变量就不能被程序访问。按照作用域划分，变量可以分为全局变量和局部变量。

全局变量在函数的外部定义，一般在程序的顶部。全局变量被定义后，在同一源文件下的任何函数内部都能调用全局变量。而局部变量只能在函数或代码块内部调用。有关 C51 函数的内容将在 2.6 节中进行介绍。

另外，还有一种特殊的变量——静态变量，是指在程序中使用 static 关键字修饰的变量，一般在中断函数和子函数中使用，静态变量定义的格式如下。

```
static 类型名 变量名 = 常数/表达式
```

静态变量仅在初始化时赋一次初值，对于在函数内部定义的静态变量，在函数执行完毕后，静态变量所占用的内存空间不会被释放，在下次进入该函数时，静态变量的值与函数上次运行后的值一致。

下面通过一个实例介绍全局变量、局部变量及静态变量的用法。

假设 main.c 文件中含如下代码。

```
#include <reg52.h>
unsigned char a;                    //定义全局变量
static unsigned char s_iB;          //定义文件内部静态变量
……
void Func()
{
  unsigned char c;                  //定义局部变量
  static unsigned char s_iD;        //定义函数内部静态变量
```

```
        ......
}
```

其中，全局变量 *a* 可以在 main.c 文件或其他文件中使用 extern 关键字声明后访问，文件内部静态变量 s_iB 只能在 main.c 文件中访问。在 Func 函数中定义的局部变量 *c* 和函数内部静态变量 s_iD 只能在该函数中访问，而其他函数不能访问。Func 函数运行结束后，变量 *c* 所占用的内存空间将会被释放，而变量 s_iD 占用的内存空间将会被保留，以便下次运行 Func 函数时继续访问。

3. 命名规范

变量命名采用第一个单词首字母小写，后续单词的首字母大写，其余字母小写的命名方式，如 timerStatus、tickVal、restTime。

静态变量的命名方式为 s_+变量类型(小写)+变量名(首字母大写)。变量类型包括 i(字符型或整型)、f(浮点型)、arr(数组类型)、struct(结构体类型)、b(布尔型)、p(指针类型)，如 s_iCounter、s_arrNum[10]。

4. *变量存储器类型

在定义变量时，可以使用关键字指定变量的存储位置，如表 2-3 所示。

表 2-3 变量存储类型关键字

存储器类型	说明
data	数据存放在低128位RAM中
bdata	数据存放在可位寻址RAM中
idata	数据存放在高128位RAM中
xdata	数据存放在扩展RAM中
code	数据存放在程序存储区中，不能修改

在 C51 编程中指定变量的存储位置，需要在类型名的前面或后面添加相应的关键字，例如：

```
unsigned data char i;        //将变量 i 存储在低 128 位 RAM 中
unsigned char idata j;       //将变量 j 存储在可位寻址 RAM 中
```

一般情况下，变量存储器类型关键字可以省略，此时变量的存放位置由编译器指定。在 Keil 软件中，单击 ⚒ 按钮，打开"Options for Target 'Target 1'"对话框，在"Target"选项卡的"Memory Model"下拉列表中选择 Small 模式，如图 2-1 所示。本书中所有的例程均使用 Small 模式。

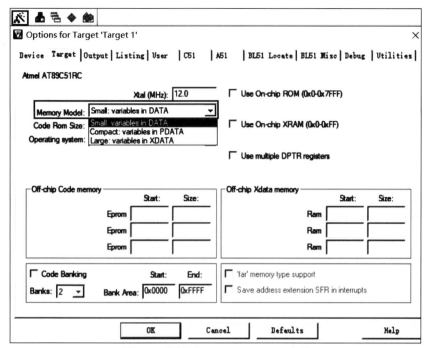

图 2-1　设置"Memory Model"选项

2.3.2　常量

在程序执行的过程中，固定不变的量称为常量。通常使用 const 关键字修饰一个常量，常量定义的格式如下。

```
const 类型名 变量名 = 常数/表达式
```

使用 const 关键字修饰的常量存储在 51 单片机的程序区中，同时也被"保护"起来，当编译器检查到程序试图改变 const 关键字修饰的常量时将会报错。

2.4　C51 运算符

视频 2-4

在 C51 中，运算符可以分为算术运算符、关系运算符、逻辑运算符及位运算符。本节介绍 C51 中的常用运算符的含义及其应用实例。

2.4.1　算术运算符

在 C51 中提供的算数运算符有加、减、乘、除和取模运算符等，各自的含义如表 2-4 所示。

表 2-4　算术运算符及其含义

运算符	含义	示例	结果
+	加法	*a*+*b*	*a*与*b*的和
−	减法	*a*−*b*	*a*与*b*的差
*	乘法	*a**b	*a*与*b*的积
/	除法	*a*/*b*	*a*与*b*的商
%	取模	*a*%*b*	*a*除以*b*的余数
++	自增	*a*++	*a*的值加1
--	自减	*a*--	*a*的值减1

2.4.2　关系运算符

关系运算符常用于判断两个数的大小关系，运算的结果为真(1)或假(0)，各自的含义如表 2-5 所示。

表 2-5　关系运算符及其含义

关系运算符	示例	说明
==	*m*==*n*	若*m*与*n*相等，则结果为真，否则为假
!=	*m*!=*n*	若*m*与*n*不相等，则结果为真，否则为假
>	*m*>*n*	若*m*大于*n*，则结果为真，否则为假
<	*m*<*n*	若*m*小于*n*，则结果为真，否则为假
>=	*m*>=*n*	若*m*大于或等于*n*，则结果为真，否则为假
<=	*m*<=*n*	若*m*小于或等于*n*，则结果为真，否则为假

2.4.3　逻辑运算符

逻辑运算符有 3 种：与(AND)、或(OR)、非(NOT)，分别用符号"&&""||"和"!"来表示，运算的结果为真(1)或假(0)，各自的含义如表 2-6 所示。

表 2-6　逻辑运算符及其含义

逻辑运算符	含义	示例	说明
&&	逻辑与	*m*&&*n*	若*m*和*n*都为真，则结果为真，否则为假
||	逻辑或	*m*||*n*	若*m*和*n*都为假，则结果为假，否则为真
!	逻辑非	!*m*	若*m*为真，则结果为假；若*m*为假，则结果为真

2.4.4 位运算符

位运算符对每个二进制位逐位进行操作，运算结果为二进制数，各自的含义如表 2-7 所示。

表 2-7 位运算符及其含义

位运算符	含义	示例	说明
&	按位逻辑与	$a\&b$	按位与运算符，按二进制位进行与运算： 两个位都为1时结果为1，否则结果为0
|	按位逻辑或	$a\|b$	按位或运算符，按二进制位进行或运算： 两个位中，其中一个为1时结果为1，都为0时结果为0
~	按位取反	$\sim a$	按位取反运算符，按二进制位进行取反运算： 二进制位为1时结果为0，为0时结果为1
^	按位异或	$a^\wedge b$	按位异或运算符，按二进制位进行取反运算： 两个位不同时结果为1，否则结果为0
<<	按位左移	$a<<n$	按位左移运算符，将a的二进制位全部左移n位： 左边的二进制位丢弃，右边的补0
>>	按位右移	$a>>n$	按位右移运算符，将a的二进制位全部右移n位： 右边的二进制位丢弃，左边的补0

假设 a 的二进制值为 10010101B，b 的二进制值为 01011011B，则 a 与 b 的位运算示例及结果如表 2-8 所示。有关于进制转换的内容，可参阅附录 A。

表 2-8 位运算示例及结果

位运算	结果
$a\&b$	00010001B
$a\|b$	11011111B
$\sim a$	01101010B
$a^\wedge b$	11001110B
$a<<1$	00101010B
$a>>1$	01001010B

2.5 C51 程序结构

视频 2-5

在 C51 中，常见的程序结构有顺序结构、选择结构及循环结构。

2.5.1　顺序结构

顺序结构是 C51 编程中最基本的程序结构，其基本形式如下。

```
语句 1;
语句 2;
……
语句 n;
```

单片机将按照从语句 1 到语句 n 的顺序执行。

2.5.2　选择结构

若需要在不同的条件下执行不同的代码语句，则需要用到选择结构。常用的选择结构有 if 语句和 switch 语句。

1. if 语句

if 语句是最简单的选择流程语句，C51 中的选择结构主要是由 if 语句实现的，最常用的有以下 3 种形式。

(1) if，其格式如下。

```
if(表达式)
{
    语句 1;
}
```

(2) if_else，其格式如下。

```
if(表达式)
{
    语句 1;
}
else
{
    语句 2;
}
```

(3) if_else if_else，其格式如下。

```
if(表达式 1)
{
```

```
    语句1;
}

else if(表达式2)
{
    语句2;
}

else if(表达式3)
{
    语句3;
}
......
else if(表达式n)
{
    语句n;
}

else
{
    语句n+1;
}
```

　　在 if 语句中，要先判断给定的表达式。若表达式成立，即逻辑为真，则执行对应花括号中的语句；若表达式不成立，即逻辑为假，则跳过花括号中的语句继续判断下一个表达式；若所有表达都不成立，则执行 else 后面的语句。if_else if_else 形式的执行流程如图 2-2 所示。

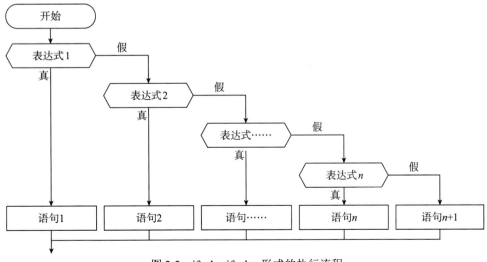

图 2-2　if_else if_else 形式的执行流程

"语句 1""语句 2"……"语句 n+1"可以是一个单独的语句，也可以是一个包含多个语句的复合语句。

通常在编写代码时，容易将 if(a==1)误写为 if(a=1)，这样就可能会引起程序出错。a=1 是赋值语句，因此 a=1 恒为真，如执行完语句"b=(a=1);"后的结果就是 b=1。这样，if(a=1) 即等同于 if(1)，if(a=1)条件下的代码将会无条件执行，与判断语句 if(a==1)的执行结果相违背，而且一般编译器不会报错或警告。为了避免出现这种错误，本书建议将 if(a==1)写为 if(1==a)，此时若误将 if(1==a)写为 if(1=a)，编译器就会报错。

2. switch 语句

switch 语句是一种多分支选择语句，其一般的格式如下。

```
switch(表达式)
{
  case 常量1 :
  语句1;
  break;

  case 常量2 :
  语句2;
  break;

  ......

  case 常量n :
  语句n;
  break;

  default:
  语句n+1;
  break;
}
```

switch 语句的作用是根据表达式的值，跳转到不同的语句执行。当表达式的值与其中一个 case 标号中的常量相等时，就执行该 case 标号后面的语句，直至执行到"break;"语句跳出 switch 结构为止。若表达式的值与所有 case 标号的常量都不相符，则执行 default 标号后面的语句。switch 循环语句的流程图如图 2-3 所示。

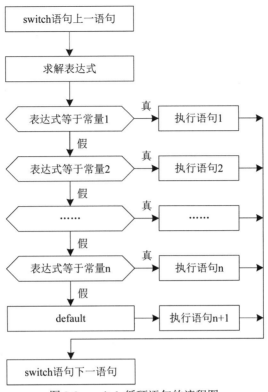

图 2-3 switch 循环语句的流程图

2.5.3 循环结构

若要反复执行一段代码，则可以选择使用循环结构。常用的循环结构有 while 循环、do…while 循环及 for 循环。

1. while 循环语句

在 C51 中，while 循环语句是最常用的实现循环结构的语句，其一般格式如下。

```
while(表达式)
{
    循环体语句；
}
```

其中，表达式为循环的判定条件，若表达式的值为真，则执行循环体语句，为假则跳出 while 循环，执行流程如图 2-4 所示。

通常情况下，C51 程序都会在主函数中使用 while(1)语句，让程序进入无限循环，目的是让程序一直保持运行，防止程序执行完毕后退出主函数，造成不可预测的后果。

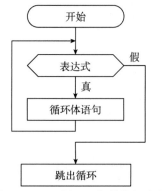

图 2-4　while 循环语句的执行流程

2. do…while 循环语句

do…while 语句的基本格式如下。

```
do
{
    循环体语句；
}
while(表达式)
```

在 do…while 循环语句中，程序首先执行循环体内的语句，再判断表达式中的条件。若表达式的值为真，则再次执行循环体语句，为假则结束循环，执行流程如图 2-5 所示。

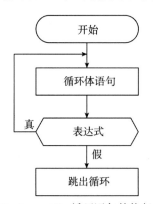

图 2-5　do…while 循环语句的执行流程

3. for 循环语句

for 循环语句是比 while 循环语句更加灵活的循环语句，其基本格式如下。

```
for(表达式1；表达式2；表达式3)
{
    循环体语句；
}
```

表达式 1：循环起始语句，为变量赋初值，只执行一次。可为一个或多个变量赋初值，该表达式也可为空。

表达式 2：循环条件表达式，每次执行循环体之前先判断表达式 2，若为真则执行循环体，为假则跳出循环。

表达式 3：作为循环的调整，如使循环变量递增或递减等，该表达式在执行完循环体后才执行。

for 循环语句的执行流程如图 2-6 所示。

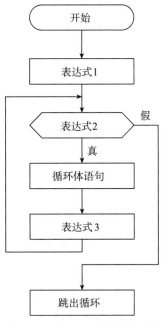

图 2-6　for 循环语句的执行流程

循环还可以嵌套使用。以 for 循环为例，定义 int 类型的循环变量 i 和 j，令第一层循环重复执行 5 次，第二次循环重复执行 123 次。该程序是后面章节中最常用的软件延时程序，代码如下。

```
int i, j;
for(i = 0; i < 5; i++)          //第一层循环
{
    第一层循环体语句;
    for(j = 0; j < 123; j++)       //第二层循环
    {
        第二层循环体语句;
    }
}
```

2.6 C51 函数

本节以公司管理为例，介绍 C51 的函数。总经理作为一个公司的主管，不可能直接管理每一位员工，否则管理起来就会十分混乱。因此，公司会设定若干部门，部门下又设定若干项目组，项目组下面才是每一位员工。总经理只需管理好各部门经理，部门经理再去管理项目组长，最后由项目组长管理每一位员工，架构如图 2-7 所示。这种层次清晰的管理架构会让公司变得更加规范和高效。

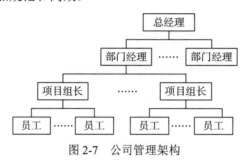

图 2-7　公司管理架构

程序设计也是如此，主函数(main 函数)相当于总经理，子函数相当于部门经理，或项目组长，或员工。因此，不建议将所有的代码都写在主函数中，正确的做法是将主函数中的某些功能模块包装成一个子函数，主函数只需调用这些子函数即可，具体的功能均在子函数中实现。当然，子函数也可以调用再低一级的子函数，如孙函数和曾孙函数等，如图 2-8 所示。这种函数调用体系会让整个工程代码变得更加规范和清晰。

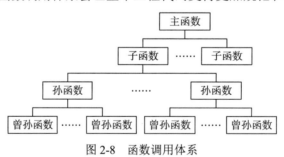

图 2-8　函数调用体系

2.6.1　函数的定义

与变量、数组一样，在调用函数前需要先定义函数，定义函数的一般格式如下。

返回值类型名 函数名(参数列表)

{

　函数体；

}

其中，返回值类型名即类型标识符，用于指定该函数返回值的类型。若没有返回值，则类型名为 void。参数列表是带有数据类型的变量名列表，称为形参，参数之间用逗号分隔。若函数没有参数，则参数列表可以为 void 或为空。函数体包含声明部分和语句部分，是实现功能的主体。

2.6.2　函数的声明

在函数被定义之前，编译器不知道这个函数的存在，因此在使用这个函数之前需要先告知编译器，这个过程称为函数的声明。声明的作用是把函数名、函数参数的个数和参数类型等信息告知编译器，以便在遇到函数调用时，编译器能正确识别函数并检查调用是否合法。函数声明的一般格式如下。

返回值类型名　函数名(参数列表)；

函数的定义过程包含了声明操作，如果在程序调用函数之前已预先定义了该函数，则可以不再单独对函数进行声明。

2.6.3　函数的参数

在定义函数时，括号内的参数列表为形参；在调用函数时，括号内的参数列表为实参。在调用函数的过程中，系统会把实参的值传递给形参从而参与函数的运算。

2.6.4　函数的返回值

通常，希望通过调用函数使主调函数得到一个确定的值，这就是函数的返回值。函数的返回值是通过函数体中的 return 语句获得的。

在定义函数时指定了函数的返回值类型，return 语句返回值的类型应与函数的返回值类型一致，即函数的返回值类型决定了函数体中返回值的类型。

2.6.5　函数的调用

定义函数的目的是在调用该函数时可以实现预期的功能，函数调用的一般格式如下。

函数名(参数列表)；

此处参数列表称为实参，在调用函数时，实参的内容将被传递给形参，参数之间用逗号分隔。若是调用无参函数，则参数列表可以为空。调用函数的方式有以下两种。

1. 调用无返回值函数

调用无返回值函数时，将函数调用作为一个单独的语句，即可实现函数相应的功能。

```
函数名(参数 1,参数 2…);
```

例如：

```
DelayNms(5);
```

2. 调用有返回值函数

调用有返回值函数时，函数出现在一个表达式中，此时需要函数有确定的返回值参与表达式的运算。

```
变量 = 函数名(参数 1,参数 2…);
```

例如：

```
P2 = IAPByteRead(0x2000);
```

2.6.6　内部函数

如果一个函数只能被同文件中的其他函数调用，则称这个函数为内部函数，也称内部静态函数。本书中的大部分例程采用单文件形式，因此定义的函数通常为内部函数。

声明内部函数的一般格式如下。

```
static 类型名 函数名(形参列表);
```

例如：

```
static int Adder(int a, int b);
```

函数定义的一般格式如下。

```
static int Adder(int a, int b)    //函数声明
{
    //函数实现
    int sum;
    sum = a + b;
    return(sum);
}
```

本书建议，内部函数必须由 static 关键字修饰，在定义内部函数前必须先声明，声明完所有内部函数之后再逐个进行定义，且内部函数的声明与定义应放在同一个文件中。

注意：与内部函数对应的是 API 函数。

2.6.7　函数的命名规范

函数的命名可采用"动词+名词"的形式，关键信息建议采用完整的单词，其他信息可以采用缩写，缩写应符合英文的编写规范，每个单词的首字母大写，如 InitInterrupt、DelayNms、ReadByte。

▷ 2.7　C51 数组

视频 2-7

数组是相同类型数据的有序集合，用于存储一系列相同类型的数据。本节将介绍数组的定义、初始化、数组元素的引用，以及二维数组和字符串数组。

2.7.1　数组的定义

定义数组的一般格式如下。

```
类型说明符 数组名 [常量表达式];
```

其中，类型说明符是任意一种基本数据类型或构造数据类型，数组名是用户定义的数组标识符，方括号中的常量表达式表示数据元素的个数，也称数组的长度。例如：

```
unsigned int arrNum[10];
```

unsigned int 表示数组元素的类型为无符号整型，arrNum 为数组名，方括号中的 10 表示数组中包含 10 个元素，即从 arrNum[0]到 arrNum[9]。

2.7.2　数组的初始化

数组初始化是指在定义时直接对数组元素赋初值，例如：

```
int arrNum[2] = {512, 1024};
```

执行完上述语句后，即可将 512 赋值给 arrNum[0]，将 1024 赋值给 arrNum[1]。

2.7.3　数组元素的引用

数组元素表示的一般格式如下。

```
数组名[下标];
```

例如，引用上述代码中已经初始化的数组元素 arrNum[1]，即数组中的第 2 个元素，代码如下。

```
arrNum[1] = 3;          //将 3 赋值给 arrNum[1]
int Value = 0;          //定义并初始化整型变量 Value
Value = arrNum[1];      //将 arrNum[1]赋值给 Value
```

2.7.4 *二维数组

定义二维数组的一般格式如下。

```
类型说明符 数组名 [常量表达式 1][常量表达式 2];
```

二维数组的定义一般有两个下标。例如，定义 2×3 共 6 个元素的无符号整型数组的代码如下。

```
unsigned int arrNum[2][3];
```

二维数组的初始化方法有两种：分段初始化和连续初始化，代码如下。两种初始化方法的结果相同。

```
unsigned int arrNum[2][3] = {{10, 9, 8},{7, 6, 5}};    //分段初始化
unsigned int arrNum[2][3] = {10, 9, 8, 7, 6, 5};       //连续初始化
```

二维数组的引用及赋值方法与一维数组类似，此处不再赘述。

2.7.5 字符串数组

字符串数组实际上是字符型数组，其定义格式与一维数组类似，例如：

```
unsigned char arrString[6];
```

在 C51 中，允许在初始化字符串数组时不输入常量表达式，也允许利用字符直接进行初始化，代码如下。两种初始化方法的结果相同。

```
unsigned char arrString[] = {'H', 'e', 'l', 'l', 'o'};
//初始化字符串数组时,可以不输入常量表达式,由编译器自动补充
unsigned char arrString[]= "Hello";
//利用字符串直接对字符串数组进行初始化
```

字符串数组必须以'\0'字符结束，由编译器编译时自动补充，因此上述初始化的 **arrString** 数组的元素个数为 6。在编程过程中，可以通过判断数组中的元素是否为'\0'，来判断该元素是否为数组中的最后一位，代码如下。

```
int i;
```

```
for(i = 0; i<10; i++)
{
  ......
  if('\0' == arrString[i])
  {
    break;
  }
}
```

2.7.6　数组的命名规范

局部变量命名规范也适用于函数内的非静态数组命名：第一个单词首字母小写，后续单词的首字母大写，其余字母为小写。本书建议数组名前加 arr 前缀，以区别于其他变量，如 arrSendData、arrRestTime、arrTempData。

2.8　*C51 指针

虽然本书实例中不涉及指针，但指针仍是 C51 中的重要内容。为了便于介绍指针，下面以写字楼为例。如图 2-9(a)所示，假如一栋写字楼有 8 层，每层都有 4 间房，如一楼的房间号依次为 1-101、1-102、1-103 和 1-104，其中 1-101 是 A 公司、1-102 是 B 公司。二楼的公司规模稍微大一些，每个公司占 2 间房，前台(或公司入口)设在其中一间，其中 M 公司的入口设在 2-101，N 公司的入口设在 2-103；八楼的公司规模更大，占 4 间房，X 公司的入口设在 8-101。当客户来访或快递寄件时，仅仅知道公司名是不可能访问到这些公司的，还需要知道这些公司在该栋楼的具体房间号(也称地址)，如 A 公司的地址为1-101，即 1-101 地址指向 A 公司；M 公司的地址为 2-101，即 2-101 地址指向 M 公司，同样，X 公司的地址为 8-101，即 8-101 地址指向 X 公司。

计算机的存储器与写字楼类似，变量相当于公司，不仅每个变量有对应的地址，而且每个变量占用的存储器空间也不相同。通常计算机的一个地址空间存储 1 字节数据，在图 2-9(b)中，地址 0x0010 中的变量为 a、地址 0x0011 中的变量为 b，这两个变量均占用一个地址空间，因此，这两个变量均为单字节变量；地址 0x00A1 和 0x00A2 中的变量 m，占用两个地址空间，因此，变量 m 为双字节变量，同理变量 n 也为双字节变量；地址 0x00C1～0x00C4 中的变量 x 占用 4 个地址空间，因此，变量 x 为 4 字节变量。除了通过变量名读写该变量，还可以通过访问地址的方式读写该变量，如地址 0x0010 存储的变量为 a，地址 0x0010 指向变量 a。

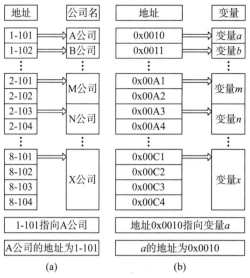

图 2-9　公司地址与变量指针关系图

在 C51 中，因为指针变量实质上是一个指向某一变量的地址，所以将一个变量的地址值赋给这个指针变量后，这个指针变量就"指向"了该变量。例如，变量 a 的地址为 $\&a$，将这个地址存放到指针变量 p 中，p 就指向了变量 a，$*p$ 即为变量 a 的值，如图 2-10 所示。

图 2-10　地址与指针

2.8.1　指针变量的定义和使用

定义指针变量的一般格式如下。

```
类型名* 指针变量名;
```

其中，"*"表示定义的是指针变量，类型名为该指针变量所指向的变量的数据类型，例如：

```
int* pHour;
```

在下面的指针变量使用方法示例中，pHour 为指针变量，该指针变量指向一个整型的变量 hour。

```
int hour;
int* pHour;
pHour = &hour;
```

在下面的指针变量使用方法示例中，指针变量的定义和初始化是一条语句。

```
int hour;
int* pHour = &hour;
```

2.8.2 指针变量的注意事项

灵活使用指针可以编写出优秀的程序，但指针使用不当就可能导致程序出现 Bug 甚至卡死。使用指针时要注意以下两点。

(1) 指针一定要定义类型，因为指针不仅可以指向单字节变量，还可以指向双字节变量及其他类型的变量，若指针未定义类型则无法使用。

(2) 指针在使用前一定要进行初始化，因为未初始化的指针就是野指针，会导致不可预测的后果。如果某一指针指向了内存中比较重要的地方，对该指针进行操作可能会导致系统异常，如系统提示指针指向了一个不可用的地址。因此，指针变量在使用前一定要进行初始化。

2.8.3 指针与数组

数组名即为数组的地址，也是数组的首地址。例如：

```
unsigned char arr[4] = {0x11, 0x22, 0x33, 0x44};
```

该数组在存储器中的存储方式如表 2-9 所示，arr 即为数组的地址，即 arr=0x0018，arr[0]的地址也为 0x0018，即&arr[0]=0x0018。数组名 arr 为数组的地址，而指针也是地址，因此，数组名即为数组的指针。

表 2-9   数组在存储器中的存储方式

地址	变量值	unsigned char arr[x]
0x0018	11	$x=0$
0x0019	22	$x=1$
0x0020	33	$x=2$
0x0021	44	$x=3$

数组和指针的对应关系如表 2-10 所示，左右等效。

表 2-10   数组和指针的对应关系

数组操作	指针操作
&arr[0]	arr
arr[0]	*arr
arr[0]	*(arr+0)
arr[1]	*(arr+1)

(续表)

数组操作	指针操作
arr[2]	*(arr+2)
arr[3]	*(arr+3)

2.9 Keil 编辑和编译及程序下载

视频 2-8

本节通过编写及编译一个点亮 LED1 的程序，介绍 Keil μVision4 软件的使用方法，以及通过 STC-ISP 下载程序的方法。熟练运用这些软件工具，是入门 51 单片机开发的基础。

2.9.1 新建 Keil 工程

首先在计算机的 D 盘下新建"51KeilTest"文件夹作为工程文件夹，然后打开 Keil μVision4 软件。选择菜单栏中的"Project"→"New μVision Project"选项，在打开的"Create New Project"对话框中，设置工程路径为"D:\51KeilTest"，将工程名命名为"STC51KeilPrj"，如图 2-11 所示，然后单击"保存"按钮。

图 2-11　新建一个工程

工程文件新建完成后，需要为新建的工程选择对应的 CPU 型号。由于 Keil μVision4 软件自带的 CPU 库中并未收录 STC 公司生产的单片机，所以需要执行 1.4.2 节中添加 CPU 库的操作。然后在"Select a CPU Data Base File"对话框中选择"STC MCU Database"选项，如图 2-12 所示，然后单击"OK"按钮。

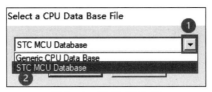

图 2-12　选择 CPU 库

在打开的如图 2-13 所示的对话框中，选择 STC 公司的"STC89C52RC Series"型号，然后单击"OK"按钮。

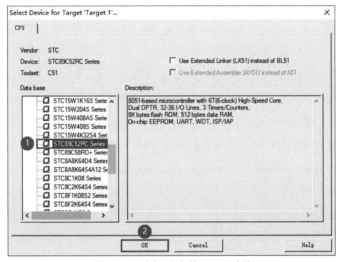

图 2-13　选择对应的 CPU 型号

如果没有打开"Select a CPU Data Base File"对话框，或者没有安装 STC MCU 库，则默认使用图 2-12 中的"Generic CPU Data Base"库，此时可以在其中选择其他厂商规格相近的 CPU 型号。如图 2-14 所示，可以选择 Atmel 公司的"AT89C51RC"作为替换，选择完毕后单击"OK"按钮。如果已经选择了如图 2-13 所示的 CPU 型号，则此操作可以忽略。

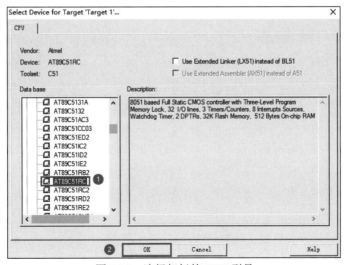

图 2-14　选择相似的 CPU 型号

选择对应的 CPU 型号后，弹出如图 2-15 所示的"μVision"提示框，询问是否需要添加 51 单片机的启动文件至工程中，此处单击"否"按钮即可。

图 2-15　"μVision"提示框

2.9.2　新建并添加 main.c 文件

关闭"μVision"提示框之后，一个名为"STC51KeilPrj"的工程即创建完成，接下来需要为工程添加源代码文件。如图 2-16 所示，展开左侧工程面板中的 Target 1，右击"Source Group1"，在弹出的快捷菜单中选择"Add New Item to Group'Source Group 1'"选项。

在打开的如图 2-17 所示的对话框中，文件类型选择"C File"，然后在"Name"文本框中输入"main"作为文件名，并检查"Location"文本框中的路径是否为 D 盘下的"51KeilTest"文件夹。最后单击"Add"按钮，即可完成源代码文件的添加。

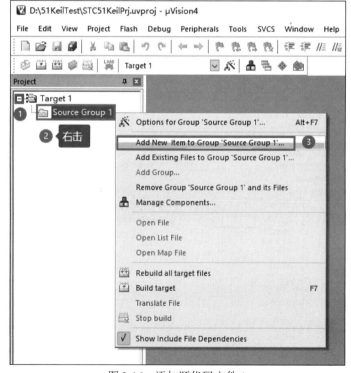

图 2-16　添加源代码文件 1

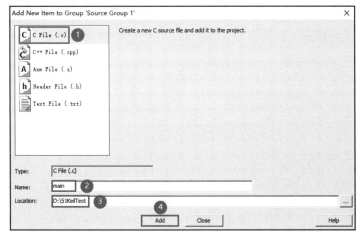

图 2-17　添加源代码文件 2

2.9.3　配置工程

Keil 默认是编译时不生成.hex 文件，如果需要生成.hex 文件，则需要对工程进行配置。如图 2-18 所示，在 Keil μVision4 软件界面上方的工具栏中，单击 🔧 按钮，打开工程设置对话框，选择 "Output" 选项卡，选中 "Create HEX File" 复选框，让 Keil 编译成功后在工程文件夹中生成.hex 文件。最后，单击 "OK" 按钮保存配置。

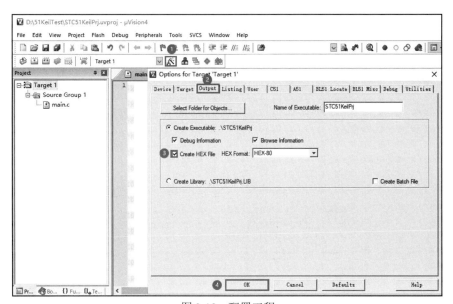

图 2-18　配置工程

2.9.4　编写程序代码

在 Keil μVision4 的 main.c 文件中，输入如程序清单 2-1 所示的点亮 LED1 的代码。在编写代码时，按 Tab 键可对当前行代码进行缩进，让代码排列更整齐。如果编辑器字体较小，则可以通过按 Ctrl 键+鼠标滚轮加大或减小字体大小。

注意：在编写代码时，不要遗漏语句后的分号及语句之间的括号。

程序清单 2-1

```c
#include <reg52.h>
sbit LED1=P2^4;
void main()
{
    while(1)
    {
        LED1 = 0;
    }
}
```

2.9.5　程序编译

程序编写完成后，需要将其翻译成单片机能够识别的语言。单击 Keil 工具栏中的 按钮，对编写好的代码进行编译，如图 2-19 所示。若在下方的"Build Output"窗口中出现"creating hex file from "STC51KeilPrj""及"0 Error(s), 0 Warning(s)"字样，则表明程序编译成功，并在工程文件夹中生成了.hex 文件。

图 2-19　程序编译

如果程序编写过程中出现错误，如图 2-20 所示，第 7 行代码末尾遗漏了分号，将导致编译出错，且无法生成.hex 文件。双击"Build Output"窗口中的 error 错误信息，Keil 将会跳转到出现错误的位置。如果出现类似的错误提示，则可通过采用复制错误信息并在搜索引擎上进行检索的方法来寻找相应的解决方案。

图 2-20　编译出错

2.9.6　STC-ISP 程序下载

在 1.4.3 节中介绍了 STC-ISP 程序下载环境设置的过程，下面将利用该软件将 2.9.5 节中生成的.hex 文件下载至 51 核心板。

STC-ISP 程序下载步骤如图 2-21 所示。首先使用 USB Type-C 将 51 核心板连接至计算机，打开 STC-ISP 软件，并在"芯片型号"的下拉列表中选择"STC89C52RC/LE52RC"选项。单击"扫描"按钮，在"串口"下拉列表中选择核心板的串口对应的串口号。单击"打开程序文件"按钮，在打开的"打开程序代码文件"对话框中定位到 2.9.1 节中新建的工程文件夹，选择"STC51KeilPrj.hex"文件，单击"打开"按钮。然后，选中"每次下载前都重新装载目标文件"复选框。最后，单击"下载/编程"按钮，右侧信息区域显示"正在检测目标单片机"。如果 51 核心板当前处于断电状态，则按下开关即可完成程序下载。如果当前为通电状态，则需要先按下 51 核心板的电源开关使其断电，之后再次按下电源开关即可下载程序。

如图 2-22 所示，当窗口右侧出现"操作成功"字样时，51 核心板上的 LED1 点亮，则说明程序下载成功。

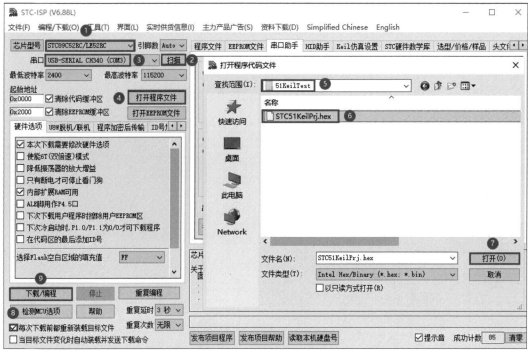

图 2-21　STC-ISP 程序下载步骤

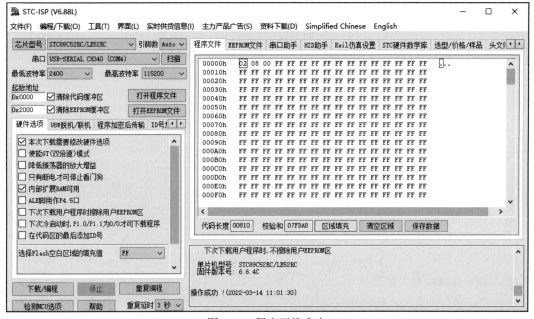

图 2-22　程序下载成功

思考题

1. C51 和 C 语言的关系是什么？它们有哪些不同？
2. 典型的 51 单片机程序包含哪些部分？
3. C51 有哪些命名规范？

应用实践

1. 阅读 2.9 节部分的内容，编译并下载 LED 工程，尝试点亮 LED 灯。

2. 采用 STC-ISP 软件下载资料包 "03.例程资料" 文件夹中综合测试实例的.hex 文件至 51 核心板，测试 51 核心板上的各项硬件功能。

第 3 章

LED流水灯

从本章开始，将通过具体的实例来介绍 51 单片机开发的方法。LED 流水灯实例旨在通过编写一个简单的流水灯程序，介绍 51 单片机 I/O 引脚的内部结构原理，并介绍基于 C51 的单片机开发基础及两种 I/O 引脚控制的方法。

- ✧ LED 灯的工作原理
- ✧ I/O 引脚部分寄存器
- ✧ I/O 引脚控制的方法
- ✧ *I/O 引脚的内部结构
- ✧ 实例与代码解析

3.1　LED 灯的工作原理

LED 灯也称发光二极管，是一种常用的发光器件。51 核心板上采用的是贴片 LED，其外观如图 3-1 所示。LED 灯正常工作时，工作电流为 1～20mA，如果电流过大则会烧坏 LED。

图 3-1　51 核心板上贴片 LED 的外观

本章实例涉及的硬件主要有 LED1～LED4，以及限流电阻 R_1～R_4，电路原理图如图 3-2 所示。LED1～LED4 左侧接入电源 VCC，通过限流电阻后分别连接至 STC89C52RC 芯片的 P2.4～P2.7 引脚。R_1～R_4 为限流电阻，避免因电流过大而导致 LED 损坏。以 LED1 为例，当 P2.4 引脚为低电平时，LED1 两侧产生电压差，LED1 点亮。反之，当 P2.4 引脚为高电平时，LED1 熄灭。因此，只要编写程序控制 P2.4～P2.7 引脚的高低电平状态，即可控制 LED1～LED4 的熄灭与点亮。

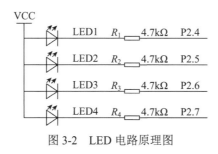

图 3-2　LED 电路原理图

3.2　I/O 引脚部分寄存器

每一组 I/O 引脚都由一个特殊功能寄存器控制，即由 P0、P1、P2、P3 和 P4 特殊功能寄存器分别控制，其名称和地址如表 3-1 所示，这些寄存器均可进行位寻址。

注意：这些寄存器复位后的初始值均为 0xFF。

表 3-1　I/O 相关特殊功能寄存器的名称和地址

名称	字节地址	位地址							
		bit[7]	bit[6]	bit[5]	bit[4]	bit[3]	bit[2]	bit[1]	bit[0]
P0	0x80	0x87	0x86	0x85	0x84	0x83	0x82	0x81	0x80
P1	0x90	0x97	0x96	0x95	0x94	0x93	0x92	0x91	0x90
P2	0xA0	0xA7	0xA6	0xA5	0xA4	0xA3	0xA2	0xA1	0xA0
P3	0xB0	0xB7	0xB6	0xB5	0xB4	0xB3	0xB2	0xB1	0xB0
P4	0xE8	—	—	—	—	0xEB	0xEA	0xE9	0xE8

　　对于可进行位寻址的寄存器，其字节地址加上位序号即可得到位地址。例如，P2 寄存器的字节地址为 0xA0，加上 4 即得到第四位的位地址 0xA4。

　　在本书资料包"07.参考资料"文件夹的"STC89C51RC-RD.pdf"文件(以下简称芯片用户手册)中，特殊功能寄存器(SFRs)章节中含有所有特殊功能寄存器的地址及对应的功能。另外，在本书的附录 C 中也有常用的寄存器表，读者在开发时可查阅这部分内容。

3.3　I/O 引脚控制的方法

视频 3-2

　　控制 I/O 引脚，即控制与之相对应的寄存器。由于 P2 寄存器支持位寻址，所以既可以进行位操作，也可以进行字节操作。两种控制方法各有其适合的应用场景，总线操作便于操作一组 I/O 引脚，位操作便于操作单个 I/O 引脚。引脚的控制方法也适用于其他特殊功能寄存器。

3.3.1　字节操作

　　按字节操作是指直接对整个寄存器进行赋值。在进行字节操作之前，必须使用 sfr 关键字定义特殊功能寄存器，例如：

```
sfr P2 = 0xA0;   //定义 P2 的地址为 0xA0
```

　　所有特殊功能寄存器已经在 reg52.h 头文件中定义，因此只需要在代码中包含该头文件，即可在程序中直接使用 P0、P1、P2 和 P3 等特殊功能寄存器的名称。

　　以仅点亮 LED1 和 LED3 为例，其相应的 P2 寄存器取值、引脚电平状态与 LED 亮灭状态的对应关系如表 3-2 所示。

表 3-2　寄存器取值、引脚电平状态与 LED 亮灭状态的对应关系

P2寄存器bit[7:4]取值	1	0	1	0
引脚电平状态	高电平	低电平	高电平	低电平
LED1~LED4亮灭状态	熄灭	点亮	熄灭	点亮

P2.3～P2.0 位则保持单片机通电复位时默认的高电平状态，于是 P2 特殊功能寄存器的二进制值为 10101111B，转换为十六进制为 0xAF，对 P2 进行字节操作的代码如下。

```
P2 = 0xAF;          //点亮 LED1 和 LED3
```

3.3.2 位操作

位操作是指对可进行位寻址的寄存器中的某一位进行赋值。在进行位操作之前，必须使用 sbit 关键字定义特殊功能寄存器的可寻址位。这种操作方式便于单独修改寄存器中的某一位，而不必修改整个寄存器的值。

注意：只有可以按位寻址的寄存器才可以进行按位操作。

以连接至 P2.4 引脚的 LED1 为例，使用位地址定义的代码如下。

```
sbit LED1 = 0xA4;   //位定义 LED1
```

在编写程序的过程中，直接使用位地址进行位定义会稍显复杂。由于 P2 特殊功能寄存器已经在 reg52.h 头文件中定义，所以在实际编程过程中，通常使用 "^" 符号找到 P2 寄存器的位地址，代码如下。

```
sbit LED1 = P2^4;   //位定义 LED1
```

位定义后，即可使用 LED1 改变 P2 特殊功能寄存器的值，进而改变 P2.4 引脚的电平状态，位操作代码如下。

```
LED1 = 0;           //点亮 LED1
```

▶ 3.4 *I/O 引脚的内部结构

在 1.2.2 节中已经对 I/O 引脚进行了简要说明，本节对 51 单片机中的 P0～P3 组 I/O 引脚的内部结构原理进行详细介绍。

3.4.1 P0 组 I/O 引脚

P0 组引脚既可用作地址/数据总线，输入、输出数据 "0" 和 "1"，也可用作通用 I/O 引脚，输入、输出低电平和高电平状态。

P0.×(×的取值为0～7)引脚的逻辑电路图如图 3-3 所示，主要由一个 D 触发器、两个三态缓冲器 G_1 与 G_2、一个多路开关 MUX、一个与门、一个非门和两个场效应晶体管 T_1 与 T_2组成，下面依次介绍各部分的作用。

D 触发器：用于数据的锁存。当 CP 端接收到来自 CPU 的脉冲信号时，触发器就会接收从 D 端输入的数据，并持续地将数据输出到 Q 端及反相的 $\overline{Q}$ 端。

多路开关 MUX：用于选择 P0 组引脚是作为数据/地址线使用，还是作为通用 I/O 引脚使用。多路开关受控制信号的控制，当控制信号为高电平时，多路开关与 b 端连接；当控制信号为低电平时，多路开关与 a 端连接。

三态缓冲器：当使能信号有效时，缓冲器根据输入端的电平状态输出逻辑 0 或逻辑 1。当使能信号无效时，缓冲器输出高阻态，等效于断路。

场效应晶体管：图中的 T_1 与 T_2 为 N 沟道场效应晶体管，是一种电压控制型元器件，在这里可以视为由电压控制的开关。当栅极(G)为高电平时，场效应晶体管导通，电流从漏极流向源极；反之，当栅极为低电平时，场效应晶体管截止，漏极与源极之间没有电流通过。

有关与门、非门及逻辑电路符号表示等内容，请参阅附录 B。

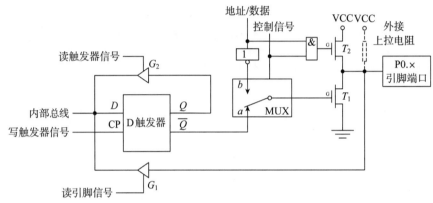

图 3-3　P0.×引脚的逻辑电路图

1. 用作地址/数据线

P0 组 I/O 引脚可以用作地址/数据线。例如，在扩展外部存储器或扩展外部 I/O 时，P0 组引脚作为低 8 位地址线，与 P2 组引脚的高 8 位地址线共同构成 16 位地址总线，可以寻址 64KB 的地址空间。

1) 数据输出

P0.×引脚用于数据输出时，控制信号为高电平，多路开关 MUX 与 b 端连接。当地址/数据端输出 1 时，与门输出高电平，T_2 导通；非门输出低电平，T_1 截止。此时 P0.×引脚端口输出 1。当地址/数据端输出 0 时，与门输出低电平，T_2 截止；非门输出高电平，T_1 导通，此时 P0.×引脚端口输出 0。

2) 数据输入

P0.×引脚用于数据输入前，必须先向 D 触发器写 1，令触发器 $\overline{Q}$ 端输出低电平，T_1 截止。由于单片机通电复位时，P0 寄存器会恢复默认值 0xFF，所以无须在程序中执行写 1 操作。P0.×引脚用于数据输入时，控制信号为低电平，多路开关 MUX 与 a 端连接，并且与门输出低电平，T_2 截止。此时 T_1 与 T_2 均处于截止状态，P0.×引脚为高阻态。数据由 P0.×端口输入，通过缓冲器 G_1，最后输入数据总线。

所谓高阻态，是指隔断状态，相当于没有连接到任何总线上的浮空状态，电流近似为零。根据 $U=IR$ 可知，当电流为零时，电压也为零，输入源到引脚的电压差也近似为零，即可以认为此时引脚的电压等于输入源的电压，保证了数据输入的准确性。

2. 用作通用 I/O 引脚

P0 组引脚也可以用作通用 I/O 引脚。其用作通用 I/O 引脚时，控制信号为低电平，多路开关 MUX 与 a 端连接，与门输出低电平，T_2 截止。

1) 输出

当 D 触发器的输入值为 1 时，$\overline{Q}$ 端输出低电平，T_1 截止，此时形成漏极开路电路，即开漏输出，输出能力极弱，必须在如图 3-3 所示的虚线部分接入上拉电阻。通常需要接入的阻值为 10kΩ，此时电流从 I/O 引脚流向负载，称为拉电流(sourcing current)，大小由上拉电阻决定。所谓上拉电阻，是指将引脚通过一个电阻接至电源，将引脚电平上拉为高电平。同理，下拉电阻是指将引脚通过一个电阻接地。上拉电阻可以使引脚电平处于一个确定的状态，也可以增大 I/O 引脚的电流输出能力。

当 D 触发器的输入值为 0 时，$\overline{Q}$ 端输出高电平，T_1 导通，此时 P0.×引脚端接地，输出低电平状态，这时电流从负载流向 I/O 引脚，称为灌电流(sinking current)，P0.×引脚能够承受的灌电流最大值为 12mA。

2) 输入(读取引脚电平状态)

P0.×用作输入时，分为读取引脚电平状态和读取触发器输出状态，下面先介绍读取引脚电平状态的方法。读取 P0.×引脚电平状态时，必须先向触发器写 1，此时触发器的 $\overline{Q}$ 端输出低电平，T_1 截止。而 T_2 也处于截止状态，因此 P0.×引脚为浮空输入状态，信号通过缓冲器 G_1 后进入内部总线。注意：单片机通电复位后 P0 寄存器的默认值为 0xFF，即已经对触发器进行了写 1 操作。

3) 输入(读取触发器输出状态)

读触发器也称读端口，即读取锁存触发器 Q 端的输出状态。当读触发器信号为高电平时，缓冲器 G_2 打开，触发器 Q 端的信号输入内部总线，完成读取操作。

由不同的代码决定是读引脚还是读触发器操作。例如，使用以下代码读取引脚电平状态。

```
temp = P0;        //将 P0 组引脚的状态值保存至 temp 变量
```

使用以下代码读触发器。

```
P0 = P0 << 1      //将 P0 组引脚的状态值逻辑左移 1 位,并再次赋值给 P0
```

运行上述代码时，CPU 首先从触发器中读取 Q 端的输出状态，然后将其中的值左移，最后将运算完毕后的值赋值给 P0。整个读取、修改和写入的过程，均没有读取引脚的真实电平状态，而仅读取了触发器的输出状态。

3.4.2　P1 组 I/O 引脚

P1 组引脚与 P0 组引脚的不同之处在于，P1 组引脚含有内部上拉电阻，且没有多路开关，只有 1 个场效应晶体管，只能用作 I/O 功能。

注意：内部上拉电阻较为复杂，其作用与前文提及的上拉电阻的作用类似，具体可参阅芯片的用户手册(4.1.1 节)。

P1.×(×的取值为0～7)引脚的逻辑电路图如图 3-4 所示，主要由一个 D 触发器、两个缓冲器 G_1 与 G_2、一个场效应晶体管 T 及内部上拉电阻组成。

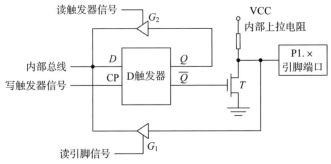

图 3-4　P1.×引脚的逻辑电路图

1. 输出功能

当触发器的输入值为 1 时，$\overline{Q}$ 端输出低电平，场效应晶体管 T 截止，P1.×引脚连接至内部上拉电阻，输出高电平状态，能够提供的拉电流为 0.15～0.22mA，输出能力仍然十分微弱。为了增强 P1.×引脚的输出能力，在需要时也可以将 P1.×引脚接入外部上拉电阻。

当触发器的输入值为 0 时，$\overline{Q}$ 端输出高电平，场效应晶体管 T 导通，此时 P1.×引脚端接地，输出低电平状态，最大灌电流为 6mA。

2. 输入功能(读取引脚电平状态)

读取 P1.×引脚电平状态时，必须先向触发器写 1，此时触发器的 $\overline{Q}$ 端输出低电平，T 截止，P1.×引脚接入内部上拉电阻，接收来自外部电路的电平信号。输入信号通过缓冲器 G_1 后进入内部总线，完成读取操作。单片机通电复位后 P1 寄存器的默认值为 0xFF，即已经对内部总线进行了写 1 操作。

3. 输入功能(读取触发器输出状态)

读触发器操作与 P0 组引脚的读触发器操作相同，当 G_2 缓冲器打开时，触发器的 Q 端的电平信号输入内部总线，完成读取操作。

3.4.3　P2 组 I/O 引脚

P2. ×(×的取值为0～7)引脚的逻辑电路图如图 3-5 所示，主要由一个 D 触发器、两个缓冲器 G_1 与 G_2、一个多路开关 MUX 及一个场效应晶体管 T 组成。

1. 用作地址/数据线

1) 数据输出

P2.×引脚用于数据输出时，控制信号为高电平，多路开关 MUX 与 b 端相连。当地址/

数据端输出信号 1 时，T 截止，此时 P2.×引脚端口连接至内部上拉电阻，输出信号 1；当地址/数据端输出信号 0 时，T 导通，此时 P2.×引脚端口接地，输出信号 0。

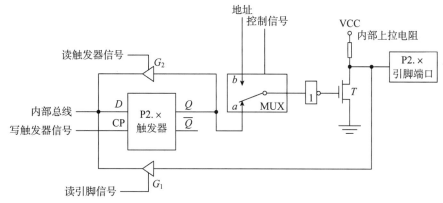

图 3-5　P2.×引脚的逻辑电路图

2) 数据输入

P2.×引脚用于数据输入时，控制信号为低电平，多路开关 MUX 与 a 端相连。读取数据信号时，必须先向内部总线写 1，此时非门输出低电平，T 截止，P2.×引脚端口连接至内部上拉电阻，接收来自于外部电路的低电平信号，输入的信息通过缓冲器 G_1 输入内部总线。

2. 用作通用 I/O 引脚

P2 组引脚也可以用作通用 I/O 引脚。其用作通用 I/O 引脚时，控制信号为低电平，多路开关 MUX 与 a 端相连。

1) 输出

当触发器的输入值为 1 时，Q 端输出高电平，经过非门后为低电平，T 截止，此时 P2.×引脚端口连接至内部上拉电阻，输出高电平状态。

当触发器的输入值为 0 时，Q 端输出低电平，经过非门后为高电平，T 导通，此时 P2.×引脚端口接地，输出低电平状态，最大灌电流为 6mA。

2) 输入(读取引脚电平状态)

读取 P2.×引脚电平状态时，必须向触发器写 1。此时触发器的 Q 端输出高电平，经过非门后为低电平，T 截止，P2.×引脚端口接入内部上拉电阻，接收来自外部电路的电平信号，输入的信息通过缓冲器 G_1 后进入内部总线。单片机通电复位后 P2 寄存器的默认值为 0xFF，即已经对内部总线进行了写 1 操作。

3) 输入(读取触发器输出状态)

读触发器操作与 P0 组引脚的读触发器操作相似，这里不再赘述。

3.4.4　P3 组 I/O 引脚

P3 组中的每个引脚都拥有第二功能，如串口、定时器和外部中断等，可参考表 1-4。P3.×(×的取值为 0～7)引脚的逻辑电路图如图 3-6 所示，主要由一个 D 触发器、3 个缓冲器、一个与非门及场效应晶体管 T 组成。

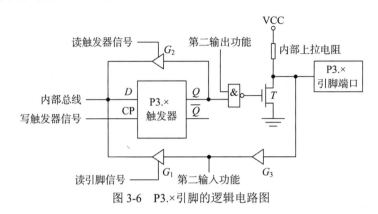

图 3-6 P3.×引脚的逻辑电路图

1. 第一功能

P3.×引脚的第一功能即通用 I/O 功能，此时第二输出功能信号线应保持高电平，使与非门保持开通状态，即与非门的输出状态仅受触发器 Q 端电平状态的影响。

(1) 输出。当触发器的输入值为 1 时，Q 端输出高电平，经过与非门后为低电平，T 截止。此时 P3.×引脚端口连接至内部上拉电阻，输出高电平状态。

当触发器的输入值为 0 时，Q 端输出低电平，经过与非门后为高电平，T 导通。此时 P3.×引脚端口接地，输出低电平状态，最大灌电流为 6mA。

(2) 输入(读取引脚电平状态)。读取 P3.×引脚电平状态时，必须向触发器写 1。此时触发器的 Q 端输出高电平，经过与非门后为低电平，T 截止。P3.×引脚端口连接至内部上拉电阻，接收来自外部电路的电平信号，输入的信息通过缓冲器 G_3 和 G_1 后进入内部总线。单片机通电复位后 P3 寄存器的默认值为 0xFF，即已经对内部总线进行了写 1 操作。

(3) 输入(读取触发器输出状态)。读触发器操作与 P0 组引脚的读触发器操作相同，当读触发器使能引脚有效时，G_2 缓冲器打开，触发器 Q 端的电平信号直接输入内部总线。

2. 第二功能

(1) 输出。当第二功能输出引脚输出 1，触发器的 Q 端输出高电平时，与非门输出低电平，T 截止；P3.×引脚连接至内部上拉电阻，输出信号 1。当第二功能输出引脚输出 0 时，与非门输出高电平，T 导通；P3.×引脚端口接地，输出信号 0。

(2) 输入。P3.×引脚第二功能的输入方法与第一功能的输入方法一致。首先，第二功能输出引脚必须保持高电平。此时与非门输出低电平，T 截止，P3.×引脚端口连接至内部上拉电阻，接收来自外部电路的低电平信号，输入的信息通过缓冲器 G_3 后，进入第二输入功能信号线，完成输入。

▶ 3.5 实例与代码解析

视频 3-3

在本章实例中，首先要学习 LED 电路原理图，以及 51 单片机引脚的控制方法，并且分别利用位操作和字节操作的方法编写程序，让 51 核心板上的 LED 灯按照一定的规律熄灭与点亮，实现流水灯的效果。

3.5.1　位操作控制流水灯

本实例基于 51 核心板，采用位操作控制 I/O 引脚的方法设计了一个流水灯程序。在开始第一个实例之前，请先阅读 2.9 节的内容。实现步骤中已略去 Keil 新建工程、编辑编译及 STC-ISP 程序下载等步骤。本实例编程的要点如下。

(1) 定义需要控制的特殊功能寄存器位。

(2) 编写延时函数，实现延时功能。

(3) 依次控制每个 LED 灯点亮与熄灭。

按位控制流水灯实例的程序设计流程如图 3-7 所示。

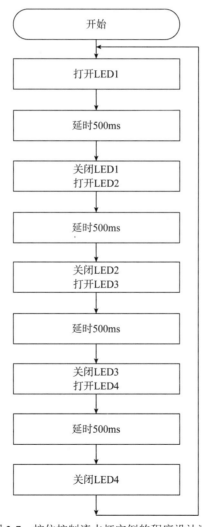

图 3-7　按位控制流水灯实例的程序设计流程

本实例的实现步骤如下。

1. 包含头文件

在新建的 main.c 文件中，添加包含头文件的代码，如程序清单 3-1 所示。

程序清单 3-1

```
#include <reg52.h>
```

2. 位定义 LED

本实例涉及 LED1～LED4，位定义的代码如程序清单 3-2 所示。

程序清单 3-2

```
1.   sbit LED1 = P2^4;   //定义 LED1
2.   sbit LED2 = P2^5;   //定义 LED2
3.   sbit LED3 = P2^6;   //定义 LED3
4.   sbit LED4 = P2^7;   //定义 LED4
```

3. 编写延时函数

为了使每个 LED 的状态可以保持一定的时间，需要在设置 LED 状态后进行延时，因此需要编写一个延时函数。在延时函数中，让单片机做大量的无关工作，实现单片机延时等待的效果。经示波器测量，以下空循环代码在 51 核心板上的执行时间约为 1ms。

```
for(j = 0; j < 123; j++);
```

若要进行 *x*ms 延时，只需将这条空循环语句执行 *x* 次即可，代码如下。

```
for(int i = 0; i < x; i++)
{
  for(int j = 0; j < 123; j++)
  {
                                                    .

  }
}
```

将上述代码封装成函数，所需延时时间 *n*ms 作为形参，即可实现完整的延时函数，如程序清单 3-3 所示。注意：变量类型需要与程序清单 3-3 保持一致，否则会导致延时不准确。

程序清单 3-3

```
1.   //内部函数声明
2.   static void DelayNms(int nms);
3.
4.   //内部函数实现
5.   static void DelayNms(int nms)
```

...

```
6.    {
7.      unsigned int i,j;
8.      for(i = 0; i < nms; i++)
9.      {
10.        for(j = 0; j < 123; j++)
11.      {
12.
13.      }
14.      }
15.  }
```

由于 C51 语句在 51 单片机中的执行时间是不确定的，所以使用这种方法的延时时间并不精确。

4. 编写主函数

完成上述步骤后，编写如程序清单 3-4 所示的主函数，依次打开 LED，调用编写好的延时函数 DelayNms 延时 500ms 后关闭 LED，并将其置于 while 循环中运行。

程序清单 3-4

```
1.   void main()
2.   {
3.     while (1)
4.     {
5.        LED1 = 0;          //打开 LED1
6.        DelayNms(500);     //延时 500ms
7.        LED1 = 1;          //关闭 LED1
8.
9.        LED2 = 0;          //打开 LED2
10.       DelayNms(500);     //延时 500ms
11.       LED2 = 1;          //关闭 LED2
12.
13.       LED3 = 0;          //打开 LED3
14.       DelayNms(500);     //延时 500ms
15.       LED3 = 1;          //关闭 LED3
16.
17.       LED4 = 0;          //打开 LED4
18.       DelayNms(500);     //延时 500ms
19.       LED4 = 1;          //关闭 LED4
20.    }
21. }
```

将上述代码在 Keil 中编辑并编译，使用 STC-ISP 软件将 Keil 生成的.hex 文件下载至 51 核心板后，即可观察到 LED1～LED4 依次循环亮起，实现流水灯的效果，如图 3-8 所示。首先 LED1 亮起，500ms 后 LED1 灯熄灭，同时 LED2 亮起，以此类推。

图 3-8 流水灯的实例效果

3.5.2 字节操作控制流水灯

本实例基于 51 核心板，采用字节操作控制 I/O 引脚的方法设计了一个流水灯程序。要实现流水灯效果，则需要不断改变 P2 特殊功能寄存器的值。P2 取值的变化及相对应的 LED 灯的状态如图 3-9 所示，图中，"○"代表 LED 熄灭，"●"代表 LED 点亮。首先需要设置 LED 流水灯的初始状态，对应图 3-9 中的①。延时 500ms 后，将 P2 寄存器中的值左移 1 位，如此循环即可实现 LED 的流水状态。

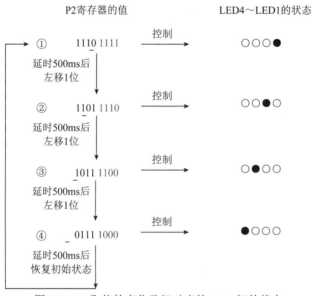

图 3-9 P2 取值的变化及相对应的 LED 灯的状态

本实例的实现步骤如下。

1. 包含头文件

在新建的 main.c 文件中，添加包含头文件的代码，如程序清单 3-5 所示。

程序清单 3-5

```
#include <reg52.h>
```

2. 编写延时函数

延时函数与 3.5.1 节中的延时函数一致，这里不再赘述。

3. 编写主函数

完成上述步骤后，编写如程序清单 3-6 所示的主函数。

程序清单 3-6

```
1.  void main()
2.  {
3.      unsigned char i;              //定义循环计数变量 i
4.      while (1)
5.      {
6.          P2 = 0xEF;                //点亮 LED1
7.          for(i = 0; i < 4; i++)
8.          {
9.              DelayNms(500);        //延时 500ms
10.             P2 = P2 << 1;         //左移一位
11.         }
12.     }
13. }
```

(1) 第 6 行代码：将临时变量赋值给 P2，设置 LED 流水灯的初始状态，仅点亮 LED1。

(2) 第 7～11 行代码：延时 500ms 后将 P2 的值左移 1 位，如此循环 4 次，对应图 3-9 中的步骤①～步骤④。当 for 循环执行完毕后，再次执行第 6 行代码，恢复为 LED 流水灯的初始状态。

将上述代码在 Keil 中编辑并编译，使用 STC-ISP 软件将 Keil 生成的.hex 文件下载至 51 核心板后，即可观察到与 3.5.1 节中相同的实例现象，LED1～LED4 依次循环亮起，实现流水灯的效果。

思考题

1. LED电路中的电阻有什么作用？该电阻阻值的选取标准是什么？

2. 简述I/O引脚控制的方法。

3. 为什么改变寄存器中的值，能够改变LED灯的亮灭状态呢？

▶ 应用实践

1. 利用本章所学知识，尝试实现其他流水灯样式。任务提示：流水灯样式 1，LED1～LED4 逐个亮起并保持亮起状态，再从 LED1～LED4 逐个熄灭；流水灯样式 2，在本章例程的流水灯基础上实现倒序流水，即图 3-9 中由④到①的过程。

2. 将流水灯点亮与熄灭之间的延时时间分别改为 100ms、50ms、10ms、1ms，注意观察 LED 灯的点亮与熄灭状态。

独立按键输入

STC89 C52RC 芯片的 I/O 引脚可以作为输入、输出使用。在第 3 章中通过点亮 LED 介绍了 I/O 引脚的输出功能。在本章中，将以独立按键输入为例，介绍 I/O 引脚的输入功能，并介绍 51 核心板上的独立按键电路原理图、I/O 部分寄存器，以及按键去抖原理。

❖ 按键检测原理

❖ 按键软件去抖原理

❖ 实例与代码解析

4.1 按键检测原理

本实例涉及的硬件主要为 51 核心板上的 3 个独立按键(KEY1、KEY2 和 KEY3),其外观如图 4-1 所示。如图 4-2 所示为独立按键电路的原理图,其中 P3.2、P3.3 及 P3.4 引脚均接入一个 10kΩ 的上拉电阻,使按键未按下时为高电平状态。电容 C_5、C_6 和 C_7 为滤波电容,对按键按下产生的信号进行平滑处理。

图 4-1 51 核心板上的独立按键外观

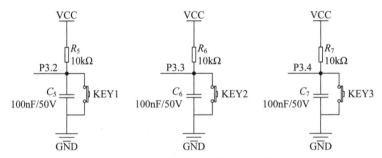

图 4-2 独立按键电路的原理图

当按键未按下时,输入芯片引脚的电平为高电平;按键按下时,输入芯片引脚的电平为低电平。因此,通过使用以下代码首先对 KEY1 进行位定义,检测对应 P3.2 引脚电平是否为低电平,即可判断按键是否被按下。

sbit KEY1 = P3.2	//定义按键 KEY1
if(0 = = KEY1)	//判断按键是否被按下
{	
……	//按键按下处理
}	

4.2 按键软件去抖原理

目前,市面上的绝大多数按键结构都是机械式开关结构,其核心部件为弹性金属簧片,因而在开关切换的瞬间,在接触点会出现来回弹跳的现象,这种情况被称为抖动。按键被按下时产生前沿抖动，按键被弹起时产生后沿抖动，如图 4-3 所示。不同类型的按键，其最长抖动时间也有差别，抖动时间的长短和按键的机械特性有关，一般为 5～10ms，而通常手动按下按键持续的时间大于 100ms。

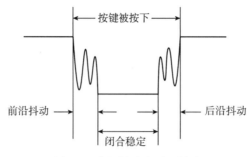

图 4-3　前沿抖动和后沿抖动

在 51 核心板按键硬件电路设计中，在按键上并联一个滤波电容以达到硬件去抖的目的。但是为了更加准确地读取按键状态，本节介绍一种软件去抖的方法。

按键检测流程如图 4-4 所示，当在单片机连接到按键的引脚上第一次检测到低电平时，先等待 50ms，若低电平持续时间小于 50ms，则将该输入信号视为抖动。若 50ms 后检测该引脚的电平仍然为低电平，则判断为按键有效按下，接下来执行按键被按下的响应代码。

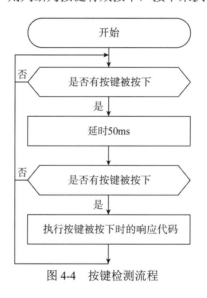

图 4-4　按键检测流程

对应的去抖代码如下。

```
if(0 == KEY1)          //第一次检测到 KEY1 按键被按下
{
  DelayNms(50);        //等待约 50ms 后再次检测按键是否被按下,消除按键抖动带来的影响
  if(0 == KEY1)
  {
    ......              //确定按键被按下,执行按键按下时的响应代码
```

```
    }
    else if(1 == KEY1)
    {
        ......              //按键没有被按下
    }
}
```

注意：由于去抖程序中存在 50ms 的软件延时，会极大地占用 CPU 资源，所以在实际开发过程中较少采用这种方式进行去抖处理。

视频 4-3

4.3 实例与代码解析

在本章实例中，首先要学习独立按键的电路原理图、I/O 部分寄存器，以及按键去抖原理，并且结合第 3 章中学到的 LED 知识，实现独立按键的识别。

本实例基于 51 核心板，设计了一个带有去抖功能的按键识别程序，利用 KEY1～KEY3，分别控制 LED1～LED3 的亮灭状态。编程要点如下。

(1) 位定义按键。

(2) 编写延时函数。

(3) 对每个按键进行判断并去抖，执行对应的按键处理语句。

独立按键实例的程序设计流程如图 4-5 所示。

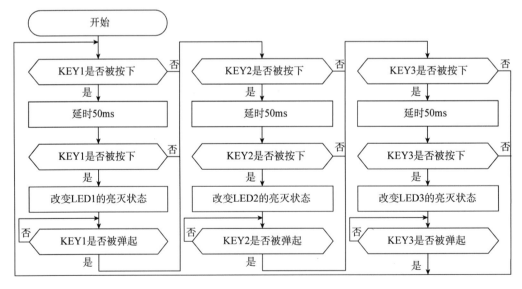

图 4-5　独立按键实例的程序设计流程

本实例的实现步骤如下。

1. 包含头文件

在新建的 main.c 文件中，添加包含头文件的代码，如程序清单 4-1 所示。

程序清单 4-1

```
#include <reg52.h>
```

2. 位定义按键和 LED

本实例涉及 KEY1～KEY3 和 LED1～LED3，位定义代码如程序清单 4-2 所示。

程序清单 4-2

```
1.   sbit KEY1 = P3^2;    //定义按键 KEY1
2.   sbit KEY2 = P3^3;    //定义按键 KEY2
3.   sbit KEY3 = P3^4;    //定义按键 KEY3
4.   sbit LED1 = P2^4;    //定义 LED1
5.   sbit LED2 = P2^5;    //定义 LED2
6.   sbit LED3 = P2^6;    //定义 LED3
```

3. 编写延时函数

按键去抖过程中涉及延时等待，需要编写如程序清单 4-3 所示的延时函数。

程序清单 4-3

```
1.   //内部函数声明
2.   static void DelayNms(int nms);
3.
4.   //内部函数实现
5.   static void DelayNms(int nms)
6.   {
7.     unsigned int i,j;
8.     for(i = 0; i < nms; i++)
9.     {
10.      for(j = 0; j < 123; j++)
11.      {
12.
13.      }
14.    }
15.  }
```

4. 编写主函数

完成上述步骤后，编写如程序清单 4-4 所示的主函数。对于每个按键，都轮流判断是否被按下。下面对处理 KEY1 按键的代码进行解释说明。

程序清单 4-4

```
1.   void main()
2.   {
3.     LED1 = 0;                //打开 LED1
4.     LED2 = 0;                //打开 LED2
5.     LED3 = 0;                //打开 LED3
6.     while(1)
7.     {
8.       if(0 == KEY1)          //第一次检测到 KEY1 按键被按下
9.       {
10.        DelayNms(50);        //等待约 50ms 后再次检测按键是否被按下,消除按键抖动带来的影响
11.        if(0 == KEY1)
12.        {
13.          LED1 = ~LED1;      //对 LED1 状态取反,改变 LED1 的亮灭状态
14.          while(0 == KEY1);  //等待按键被弹起
15.        }
16.      }
17.      if(0 == KEY2)          //第一次检测到 KEY2 按键被按下
18.      {
19.        DelayNms(50);        //等待约 50ms 后再次检测按键是否被按下,消除按键抖动带来的影响
20.        if(0 == KEY2)
21.        {
22.          LED2 = ~LED2;      //对 LED2 状态取反,改变 LED2 的亮灭状态
23.          while(0 == KEY2);  //等待按键被弹起
24.        }
25.      }
26.      if(0 == KEY3)          //第一次检测到 KEY3 按键被按下
27.      {
28.        DelayNms(50);        //等待约 50ms 后再次检测按键是否被按下,消除按键抖动带来的影响
29.        if(0 == KEY3)
30.        {
31.          LED3 = ~LED3;      //对 LED3 状态取反,改变 LED3 的亮灭状态
32.          while(0 == KEY3);  //等待按键被弹起
33.        }
34.      }
35.    }
36.  }
```

(1) 第 3～5 行代码：点亮所有 LED。

(2) 第 8～16 行代码：KEY1 去抖及按下处理。

(3) 第 13 行代码：按键被按下时需要执行的操作，即改变 LED 的开关状态。

(4) 第 14 行代码：等待按键被弹起，避免重复判断。

将上述步码在 Keil 中编辑并编译，使用 STC-ISP 软件将 Keil 生成的.hex 文件下载至 51 核心板后，即可观察到如图 4-6 所示的实例效果。按下 KEY1 后，LED1 亮起；再次按下 KEY1，LED1 熄灭。KEY2 按键与 KEY3 按键则分别控制 LED2 与 LED3 的点亮和熄灭。

图 4-6　独立按键的实例效果

思考题

1. 独立按键电路的电容和电阻分别有什么作用？
2. 单片机如何判断按键被按下？
3. 简述按键的去抖原理。

应用实践

1. 采用按键控制 LED 灯的点亮与熄灭。要求：当 KEY1 持续被按下时，LED 灯持续点亮；当 KEY1 被弹起时，LED 灯熄灭。

2. 在 LED 流水灯实例的基础上，采用 KEY1～KEY3 切换 LED 流水灯样式。要求：按下 KEY1 时切换为 LED 流水灯实例中的流水灯样式 1，按下 KEY2 时切换为流水灯样式 2，按下 KEY3 时切换为流水灯样式 3。

第 **5** 章

蜂鸣器

蜂鸣器是一种最简单的发声器件,被广泛应用于各类电子产品中,其声音响亮且尖锐,通常起提示或警示作用。例如,洗衣机中的按键音,洗衣完成后的提示音,万用表挡位切换时的提示音,都是通过蜂鸣器发出的。

◆ 蜂鸣器介绍

◆ 蜂鸣器的工作原理

◆ 实例与代码解析

5.1　蜂鸣器介绍

　　蜂鸣器是一种发声器件，按照驱动方式可以分为有源蜂鸣器和无源蜂鸣器，如图 5-1 所示。这里的"源"指的是蜂鸣器的内部振荡源。其中，有源蜂鸣器内部带有振荡电路，只需要接通电源即可发出响亮且尖锐的声音，频率通常约为 2.3kHz。无源蜂鸣器内部不含有振荡电路，需要输入频率为 2~3kHz 的脉冲信号才可以发出声音。

图 5-1　有源蜂鸣器(左)和无源蜂鸣器(右)

　　两种蜂鸣器各有优劣。有源蜂鸣器的成本较高，驱动简单，发声频率固定。无源蜂鸣器的成本较低，只要输入不同频率的脉冲信号即可发出不同音调的声音，甚至可以利用音阶与频率之间的对应关系制作出简单的音乐曲目。有源蜂鸣器和无源蜂鸣器的正面外观基本一致，区分两者的方法是，有源蜂鸣器的底部由黑色塑料封住，而无源蜂鸣器的底部有裸露部分，如图 5-2 所示。

图 5-2　有源蜂鸣器(左)和无源蜂鸣器(右)的底部

5.2　蜂鸣器的工作原理

　　蜂鸣器的电路原理图如图 5-3 所示。芯片 P1.0 引脚与限流电阻 R_{19} 相连。当使用跳线帽短接 J_1 时，R_{20} 作为上拉电阻，确保晶体管在 P1.0 引脚不为低电平时保持截止状态。蜂鸣器的最大工作电流为 30mA，由于 51 单片机引脚的输出电流较小，不足 1mA，无法驱动蜂鸣器使其正常工作，需要晶体利用晶体管 Q_5 形成一个控制电路。蜂鸣器的正极与 Q_5 的集电极(c)相连，此处的晶体管可以视作一个开关。

　　当 P1.0 引脚为高电平时，Q_5 的基极(b)和发射极(e)均为 5V，Q_5 截止，电流无法通过蜂鸣器，此时蜂鸣器不工作；当 P1.0 为低电平时，Q_5 工作在饱和区，电流从发射极流向集电极并通过蜂鸣器，此时蜂鸣器工作。

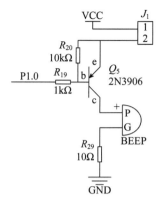

图 5-3　蜂鸣器的电路原理图

因此，控制蜂鸣器与控制 LED 灯相似，只需要让 P1.0 引脚输出低电平，蜂鸣器即可鸣叫。

5.3　实例与代码解析

视频 5-3

在本章实例中，首先要学习蜂鸣器的电路原理图，以及 51 单片机引脚的控制方法，利用位操的方法，编写程序让 51 核心板上的蜂鸣器鸣叫。

本实例基于 51 核心板，设计了一个蜂鸣器驱动程序，让蜂鸣器在 51 核心板通电后短暂鸣叫。编程要点如下。

(1) 位定义蜂鸣器。

(2) 编写延时函数。

(3) 调用延时函数，让蜂鸣器短暂鸣叫后关闭。

本实例的实现步骤如下。

1. 包含头文件

在新建的 main.c 文件中，添加包含头文件的代码，如程序清单 5-1 所示。

程序清单 5-1

```
#include <reg52.h>
```

2. 位定义蜂鸣器

本实例涉及的外部硬件主要为蜂鸣器，位定义代码如程序清单 5-2 所示。

程序清单 5-2

```
sbit BEEP = P1^0;  //定义蜂鸣器
```

3. 宏定义蜂鸣器开启和关闭

宏定义是一种预处理命令，实质上是一个名称替换命令，它会指示编译器在实际编译程序之前完成替换。采用宏定义的优点是方便程序的修改，其基本格式如下。

```
#define 名称 表达式
```

在本实例中，使用宏定义将打开蜂鸣器的代码用"BEEP_ON"名称代替，关闭蜂鸣器的代码用"BEEP_OFF"名称代替，代码如程序清单 5-3 所示。

程序清单 5-3

```
#define BEEP_ON  BEEP = 0
#define BEEP_OFF  BEEP = 1
```

4. 编写延时函数

在蜂鸣器打开与关闭之间需要留有一定的间隔时间，因此需要编写如程序清单 5-4 所示的延时函数。

程序清单 5-4

```
1.   //内部函数声明
2.   static void DelayNms(int nms);
3.
4.   //内部函数实现
5.   static void DelayNms(int nms)
6.   {
7.     unsigned int i,j;
8.     for(i = 0; i < nms; i++)
9.     {
10.      for(j = 0; j < 123; j++)
11.      {
12.
13.      }
14.    }
15. }
```

5. 编写主函数

完成上述步骤后，编写如程序清单 5-5 所示的主函数。在 while(1) 之前添加步骤 3 中定义的 BEEP_ON 即可打开蜂鸣器，然后调用 DelayNms 函数延时 500ms 后再通过 BEEP_OFF 关闭蜂鸣器。

程序清单 5-5

```
1.  void main()
2.  {
3.    BEEP_ON;          //打开蜂鸣器
4.    DelayNms(500);    //延时 500ms
5.    BEEP_OFF;         //关闭蜂鸣器
6.
```

```
7.    while(1)
8.    {
9.
10.   }
11. }
```

使用跳线帽或杜邦线将 J_1 短接，如图 5-4 所示。将上述代码在 Keil 中编辑并编译，使用 STC-ISP 软件将 Keil 生成的.hex 文件下载至 51 核心板后，即可听见蜂鸣器短暂鸣叫，按下复位按键进行复位后，同样可听见蜂鸣器短暂鸣叫。

图 5-4　使用跳线帽短接 J_1

思考题

1. 简述有源蜂鸣器和无源蜂鸣器的区别。
2. 如何分辨有源蜂鸣器与无源蜂鸣器？
3. 单片机如何控制蜂鸣器鸣叫或静息？

应用实践

1. 使用按键控制蜂鸣器的开启与关闭。要求：当 KEY1 被按下时，蜂鸣器持续鸣叫；当 KEY1 被弹起时，蜂鸣器静息。

2. 使用按键控制 LED 模拟汽车转向灯。要求：当 KEY1 被按下时，LED1 每隔 0.5s 切换一次亮灭状态作为左转向灯，且当 LED1 点亮的同时蜂鸣器鸣叫，再次按下 KEY1 后左转向灯关闭；当 KEY2 被按下时，LED4 每隔 0.5s 切换一次亮灭状态作为右转向灯，且当 LED4 点亮的同时蜂鸣器鸣叫，再次按下 KEY2 后右转向灯关闭；当 KEY3 被按下时，LED1 和 LED4 每隔 0.5s 切换一次亮灭状态作为双闪警示灯，且当 LED1 或 LED4 点亮的同时蜂鸣器鸣叫，再次按下 KEY3 后双闪警示灯关闭。

　　注意：除双闪警示灯外，左转向灯开启时，右转向灯必须保持关闭状态；右转向灯开启时，左转向灯必须保持关闭状态。

第 **6** 章

数码管显示

显示器能够直观地展示信息,是人机交互中重要的器件之一。在单片机中,常用的显示器件有数码管、LED 点阵显示器、液晶显示器(liquid crystal display,LCD)、液晶显示屏等。其中,数码管是简单的显示器件之一,能够显示数字 0~9 及其他字符,常用于显示单片机内部的数据和信息。

◇ 数码管介绍

◇ 数码管的工作原理

◇ 数码管静态显示

◇ 数码管动态显示

◇ 实例与代码解析

视频 6-1

6.1 数码管介绍

51 核心板上的数码管外观如图 6-1 所示。七段数码管由 8 个发光二极管构成，即"8"字形状的 7 个发光二极管和小数点。

图 6-1　51 核心板上的数码管外观

8 个发光二极管分别用字母 a、b、c、d、e、f、g、dp 表示，如图 6-2 所示。当发光二极管被施加正向电压后，相应的段即被点亮，从而显示出不同的字符。

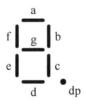

图 6-2　七段数码管示意图

七段数码管内部电路有两种连接方式，所有发光二极管的阳极连接在一起，并与电源正极(VCC)相连，称为共阳型，如图 6-3(a)所示；所有发光二极管的阴极连接在一起，并与电源负极(GND)相连，称为共阴型，如图 6-3(b)所示。

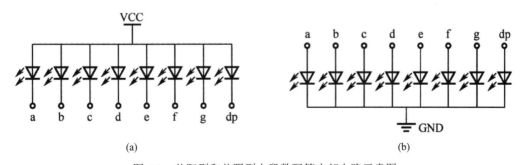

图 6-3　共阳型和共阴型七段数码管内部电路示意图

因为数码管工作时需要较大的电流，而单片机引脚上能够提供的电流往往较小，不足以为共阴型数码管供应足够的电流，所以在 51 单片机中常常采用共阳型数码管，51 核心板上采用的也是共阳型七段数码管。

七段数码管常用来显示数字和简单字符，如 0～9、A、b、C、d、E、F 及小数点。对于共阳型七段数码管，当引脚连接低电平时，发光二极管被点亮；当引脚连接高电平时，发光二极管熄灭。共阳型七段数码管显示样例如图 6-4 所示。当 dp 和 e 引脚连接高电平，其他引脚连接低电平时，显示数字 9。

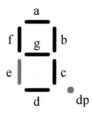

图 6-4　七段数码管显示样例

如果将 a、b、c、d、e、f、g、dp 引脚按照从高位到低位组成 1 字节，且规定高电平对应逻辑 1，低电平对应逻辑 0，那么二进制编码 0000 0011(0x03) 对应数字 0，二进制编码 1001 1111(0x9F) 对应数字 1，这些编码也称段码。如表 6-1 所示为共阳型七段数码管常用数字和简单字符段码表。

表 6-1　共阳型七段数码管常用数字和简单字符段码表

8位段码(a b c d e f g dp)	显示字符	8位段码(a b c d e f g dp)	显示字符
0000 0011(0x03)	0	0000 0001(0x01)	8
1001 1111(0x9F)	1	0000 1001(0x09)	9
0010 0101(0x25)	2	0001 0001(0x11)	A
0000 1101(0x0D)	3	1100 0001(0xC1)	b
1001 1001(0x99)	4	0110 0011(0x63)	C
0100 1001(0x49)	5	1000 0101(0x85)	d
0100 0001(0x41)	6	0110 0001(0x61)	E
0001 1111(0x1F)	7	0111 0001(0x71)	F

51 核心板上有一个共阳型 4 位七段数码管，支持 4 个数字或简单字符的显示。其中，A～H 为数据引脚，也称段选引脚；1、2、3、4 为位选引脚，4 位七段数码管的引脚图如图 6-5 所示。

图6-5　4位七段数码管的引脚图

视频 6-2

6.2　数码管的工作原理

　　51 核心板上集成了一个共阳型 4 位七段数码管，电路原理图如图 6-6 所示。U3 为 4 位共阳型七段数码管，通过 12 个引脚可以控制数码管每一段的点亮与熄灭。$Q_1 \sim Q_4$ 为增强型 P 沟道增强型场效应晶体管，此处可视作开关。

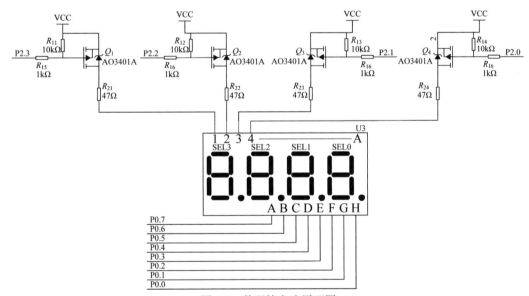

图6-6　数码管电路原理图

　　引脚1、2、3、4为位选引脚，分别连接至STC89 C52RC芯片的P2.3～P2.0引脚，分别用于控制SEL3～SEL0数码管。当P2.3～P2.0引脚为低电平时，表示对应的SEL3～SEL0数码管被选中，此时数码管才能被点亮。

　　引脚 A～H 为段选引脚，分别连接至 STC89 C52RC 芯片的 P0.7～P0.0 引脚，分别用于控制所选中数码管的 a～dp 段。当 P0.7～P0.0 引脚为低电平时，电流能够通过 VCC 进入单片机引脚，对应的段将被点亮。

6.3 数码管静态显示

数码管的静态显示方法，是指利用 1 组段选引脚和 1 个位选引脚控制 1 位数码管。以第 1 位数码管中显示数字"6"为例，首先位定义 P2.3 引脚，代码如下。

```
sbit SegmentG1 = P2^3;  //定义数码管 1
```

查询表 6-1 可知，数字"6"的段码为 0x41，因此将 P0 寄存器赋值为 0x41，并且选中第 1 位数码管，代码如下。

```
P0 = 0x41;              //数码管 1 显示为数字 6
SegmentG1 = 0;          //打开数码管 1
```

此时，数码管的显示效果如图 6-7 所示。

图 6-7　在第 1 位数码管中显示数字"6"

由于 51 核心板上的数码管只有 1 组段选引脚，如果将其他位数码管同时点亮，则数码管所有位都显示同一个数字。如果需要使用静态显示的方法显示多位不同的数字，则需要多组段选引脚。

6.4 数码管动态显示

视频 6-4

如何利用 1 组段选引脚实现多位数码管显示不同的数字呢？以显示"1234"为例，如果轮流点亮每位数码管，并在数码管熄灭与点亮之间的间隔中不断切换显示的数字，则会得到如图 6-8 所示的显示效果。

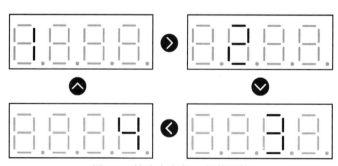

图 6-8　轮流点亮每一位数码管

如果将切换的间隔不断缩小，每位数码管的点亮与熄灭之间的时间间隔缩短至 5ms，那么由于人的视觉暂留现象及发光二极管的余辉效应，导致虽然实际上各位数码管并非同时点亮，但只要切换的速度足够快，数码管就能显示出如图 6-9 所示的效果。

图 6-9　数码管动态显示效果

这种方法能够节省大量的 I/O 口，仅靠 1 组段选引脚即可实现多位数字显示，是单片机驱动数码管最常用的方法。数码管的动态显示会消耗单片机的运算资源，为了解决资源占用的问题，目前市面上有很多数码管驱动芯片，只需要通过 I²C、SPI 等串行接口写入一次显示值，驱动芯片就会动态刷新数码管显示，方便可靠。

视频 6-5

6.5　实例与代码解析

在本章实例中，首先要学习七段数码管的工作原理及电路原理图，利用数码管动态显示的方法，编写程序让 51 核心板上的数码管显示所需的内容。

本实例基于 51 核心板，采用动态显示的方法编写七段数码管驱动程序，在数码管上显示数字"1234"。编程要点如下。

(1) 定义需要控制的特殊功能寄存器位。

(2) 编写函数，实现延时。

(3) 依次控制每位数码管的点亮与熄灭。

数码管实例的程序设计流程如图 6-10 所示。

本实例的实现步骤如下。

1. 包含头文件

在新建的 main.c 文件中，添加包含头文件代码，如程序清单 6-1 所示。

程序清单 6-1

```
#include <reg52.h>
```

2. 位定义数码管

在本实例中需要位定义数码管的位选引脚，如程序清单 6-2 所示。

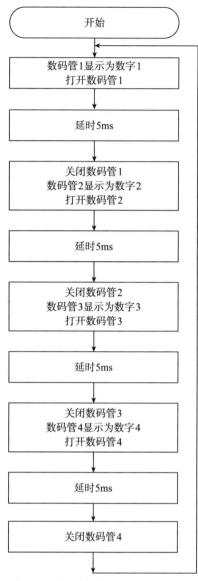

图 6-10　数码管实例的程序设计流程

程序清单 6-2

```
1.   sbit SegmentG1 = P2^3;  //定义数码管 1
2.   sbit SegmentG2 = P2^2;  //定义数码管 2
3.   sbit SegmentG3 = P2^1;  //定义数码管 3
4.   sbit SegmentG4 = P2^0;  //定义数码管 4
```

3. 定义数码管显示数字

将共阳型七段数码管译码表中的数字 0～9 存储在数组中，如程序清单 6-3 所示，在编程时即可通过直接调用数组的方式控制段选引脚。

程序清单 6-3

```
static unsigned char s_arrNumber[] =
{0x03 , 0x9f , 0x25 , 0x0d , 0x99 , 0x49 , 0x41 , 0x1f , 0x01 , 0x09};
//定义数码管显示数字 0～9
```

4. 编写延时函数

在数码管点亮与熄灭之间需要留有一定的间隔时间，因此需要编写如程序清单 6-4 所示的延时函数。

程序清单 6-4

```
1.    //内部函数声明
2.    static void DelayNms(int nms);
3.
4.    //内部函数实现
5.    static void DelayNms(int nms)
6.    {
7.       unsigned int i,j;
8.       for(i = 0; i < nms; i++)
9.       {
10.         for(j = 0; j < 123; j++)
11.         {
12.
13.         }
14.      }
15.   }
```

5. 编写主函数

完成上述步骤后，编写如程序清单 6-5 所示的主函数，依次将段码传入段选引脚，并打开数码管，调用编写好的延时函数 DelayNms，延时 5ms 后关闭数码管，并一直重复此操作。

程序清单 6-5

```
1.   void main()
2.   {
3.      while (1)
4.      {
5.         P0 = s_arrNumber[1];      //数码管 1 显示为数字 1
6.         SegmentG1 = 0;            //打开数码管 1
7.         DelayNms(5);              //延时 5ms
8.         SegmentG1 = 1;            //关闭数码管 1
9.
10.        P0 = s_arrNumber[2];      //数码管 2 显示为数字 2
```

11.	SegmentG2 = 0;	//打开数码管 2
12.	DelayNms(5);	//延时 5ms
13.	SegmentG2 = 1;	//关闭数码管 2
14.		
15.	P0 = s_arrNumber[3];	//数码管 3 显示为数字 3
16.	SegmentG3 = 0;	//打开数码管 3
17.	DelayNms(5);	//延时 5ms
18.	SegmentG3 = 1;	//关闭数码管 3
19.		
20.	P0 = s_arrNumber[4];	//数码管 4 显示为数字 4
21.	SegmentG4 = 0;	//打开数码管 4
22.	DelayNms(5);	//延时 5ms
23.	SegmentG4 = 1;	//关闭数码管 4
24.	}	
25.	}	

将上述代码在 Keil 中编辑并编译，使用 STC-ISP 软件将 Keil 生成的.hex 文件下载至 51 核心板后，即可观察到数码管上显示数字"1234"，如图 6-11 所示。

图 6-11　数码管显示实例

思考题

1. 简述七段数码管的显示原理。
2. 什么是数码管的静态显示和动态显示？它们之间有什么区别？

应用实践

1. 在数码管上显示带有小数点的数字，如 3.141。

2. 基于 51 核心板设计一个按键计数器。要求：判断 KEY1 被按下，每次按下按键后记录按下次数加 1，并且能在数码管上显示，能够从 0 计数至 99。

第 **7** 章

外 部 中 断

通过第 4 章独立按键输入的介绍，读者已经掌握了将 STC89 系列微控制器的 I/O 引脚作为输入使用的方法。本章将基于中断系统，通过特定的 I/O 引脚检测输入脉冲，并产生外部中断请求，打断 CPU 原来的代码执行流程，进入外部中断服务函数中进行处理，处理完成后再返回中断之前的代码继续执行，利用中断系统实现独立按键的识别与处理。

◆ 中断的概念

◆ 中断系统框架

◆ 实例与代码解析

7.1 中断的概念

视频 7-1

下面通过一个简单的示例来介绍中断的概念。小明正在学习单片机，突然听到电话响起，这时小明暂停学习，立即拿起手机接听电话。在这个过程中，小明的学习过程发生了一次中断，流程如图 7-1 所示。

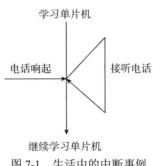

图 7-1　生活中的中断事例

当 CPU 在正常运行时，如果外部发生了紧急事件请求，CPU 则会先暂停当前的工作，转而调用特定的程序来处理这个紧急事件。处理完毕后，再回到原来中断发生的地方继续工作，这样的过程称为中断，流程如图 7-2 所示。

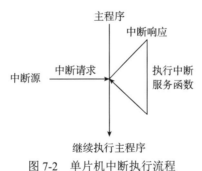

图 7-2　单片机中断执行流程

实现这种功能的系统称为中断系统，请示 CPU 中断的请求源称为中断源，对紧急事件的处理程序称为中断服务函数。

中断对于单片机有什么意义呢？假如小明的手机设置为静音，为了防止漏接电话，小明不得不每隔一段时间拿起手机，检查是否有来电，这样会使小明的学习效率大大降低。同理，在没有利用中断系统的独立按键实例中，单片机需要不断地执行 if 语句来检查引脚电平状态，从而判断是否有按键被按下，进而再对按键事件进行处理。如果采用顺序结构编写单片机程序，且需要处理的任务较多时，采用轮询法检测按键会导致按键响应不及时的问题，需要等待单片机执行引脚检测语句时，按键事件才能够被响应。运用中断系统，当按键所连接的引脚电平状态发生变化时，单片机能够在按键被按下的短时间内做出响应，大幅提高了单片机系统的实时性。

视频 7-2

▶ 7.2 中断系统框架

STC89 C52 系列微控制器的中断系统框架如图 7-3 所示。接下来将会从左往右对框架图中的每一部分进行解释说明。

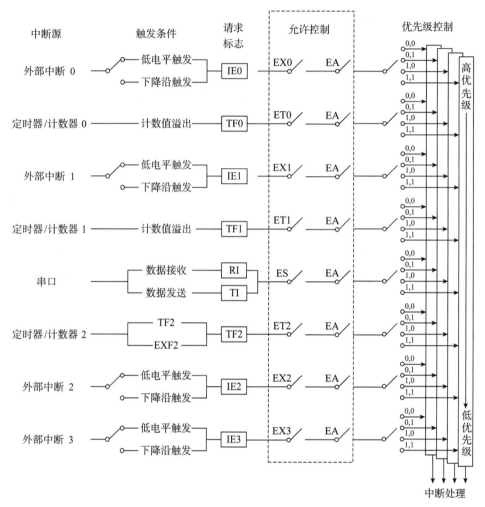

图 7-3　STC89 C52 系列微控制器的中断系统框架图

7.2.1　中断源

STC89 C52 系列微控制器具有 8 个中断源,可以分为 4 个外部中断、3 个定时器/计数器中断和 1 个串口中断,如表 7-1 所示。

表 7-1　STC89 C52 系列微控制器的中断源

名称	触发条件	中断请求标志位	中断源允许控制位	总中断允许控制位
外部中断0 (INT0)	P3.2引脚检测到 低电平或下降沿	IE0	EX0	
定时器/计数器0中断 (Timer0)	定时器/计数器0溢出	TF0	ET0	
外部中断1 (INT1)	P3.3引脚检测到 低电平或下降沿	IE1	EX1	
定时器/计数器1中断 (Timer1)	定时器/计数器1溢出	TF1	ET1	
串口中断 (UART)	串口通信完成一帧数据 的接收或发送	RI、TI	ES	EA
定时器/计数器2中断 (Timer2)	定时器/计数器2溢出	TF2	ET2	
外部中断2 (INT2)	P4.3引脚检测到 低电平或下降沿	IE2	EX2	
外部中断3 (INT3)	P4.2引脚检测到 低电平或下降沿	IE3	EX3	

　　本章仅介绍外部中断，在后续的章节中还会对定时器/计数器中断和串口中断进行详细的介绍。

7.2.2　中断触发条件

　　与51核心板外部中断输入引脚相连的硬件有按键 KEY1 和 KEY2，如图 7-4 所示。外部中断的触发方式有两种：低电平触发和下降沿触发。

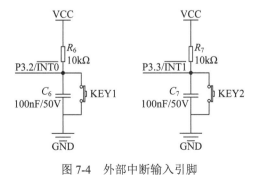

图 7-4　外部中断输入引脚

1. 低电平触发

如图 7-5 所示，当外部中断输入引脚检测到低电平时中断触发，并且在低电平保持的时间内持续触发中断，直到引脚变为高电平。

注意：只有在 CPU 处理完当前中断后，下一个中断才会被响应。

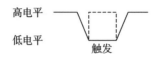

图 7-5　外部中断低电平触发

2. 下降沿触发

引脚电平从高电平到低电平跳变的瞬间，称为下降沿。如图 7-6 所示，当外部中断输入引脚检测到下降沿时，中断触发。当引脚保持低电平时，中断不会再次触发。

图 7-6　外部中断下降沿触发

两种触发方式由 XICON 及 TCON 寄存器中的部分位控制，如表 7-2 和表 7-3 所示。

表 7-2　外部中断触发方式选择位相关寄存器

名称	描述	地址	位和符号							
			7	6	5	4	3	2	1	0
XICON	辅助中断控制寄存器	0xC0	PX3	EX3	IE3	IT3	PX2	EX2	IE2	IT2
TCON	定时器控制寄存器	0x88	TF1	TR1	TF0	TR0	IE1	IT1	IE0	IT0

表 7-3　外部中断触发方式选择位的解释说明

寄存器	位	名称	描述
TCON	0	IT0	外部中断0的触发方式选择位。 初始值为0，由软件置1或清零。 0：外部中断0的触发方式为低电平触发； 1：外部中断0的触发方式为下降沿触发
	2	IT1	外部中断1触发方式的选择位。 初始值为0，由软件置1或清零。 0：外部中断1的触发方式为低电平触发； 1：外部中断1的触发方式为下降沿触发
XICON	0	IT2	外部中断2的触发方式选择位。 初始值为0，由软件置1或清零。

（续表）

寄存器	位	名称	描述
XICON	0	IT2	0：外部中断2的触发方式为低电平触发； 1：外部中断2的触发方式为下降沿触发
	4	IT3	外部中断3的触发方式选择位。 初始值为0，由软件置1或清零。 0：外部中断3的触发方式为低电平触发； 1：外部中断3的触发方式为下降沿触发

例如，通过以下代码选择外部中断 0 的触发方式为下降沿触发。

```
IT0 = 1;
```

7.2.3 中断请求标志

外部中断触发后，将会由硬件将相应的标志位置位(写 1)。与外部中断请求相关的寄存器有 XICON 和 TCON，如表 7-4 和表 7-5 所示。

表 7-4 外部中断请求标志位相关寄存器

名称	描述	地址	位和符号							
			7	6	5	4	3	2	1	0
XICON	辅助中断控制寄存器	0xC0	PX3	EX3	IE3	IT3	PX2	EX2	IE2	IT2
TCON	定时器控制寄存器	0x88	TF1	TR1	TF0	TR0	IE1	IT1	IE0	IT0

表 7-5 外部中断请求标志位的解释说明

寄存器	位	名称	描述
TCON	1	IE0	外部中断0的中断请求标志位。 初始值为0，中断触发时硬件置1，执行中断服务函数时硬件清零。 0：外部中断0无中断请求； 1：外部中断0有中断请求
	3	IE1	外部中断1的中断请求标志位。 初始值为0，中断触发时硬件置1，执行中断服务函数时硬件清零。 0：外部中断1无中断请求； 1：外部中断1有中断请求
XICON	1	IE2	外部中断2的中断请求标志位。 初始值为0，中断触发时硬件置1，执行中断服务函数时硬件清零。 0：外部中断2无中断请求； 1：外部中断2有中断请求

(续表)

寄存器	位	名称	描述
XICON	5	IE3	外部中断3的中断请求标志位。 初始值为0,中断触发时硬件置1,执行中断服务函数时硬件清零。 0:外部中断3无中断请求; 1:外部中断3有中断请求

上述寄存器的置 1 与清零操作通常由硬件自动完成,也可以采用软件查询的方式查看是否存在中断请求。

7.2.4 中断允许控制

中断允许分为各中断源的允许和总中断允许,决定着中断能否被 CPU 响应。只有对应中断源的中断允许及总中断允许打开后,CPU 才能够响应该中断。用于控制外部中断允许的寄存器有 IE 和 XICON,如表 7-6 和表 7-7 所示。

表 7-6 外部中断允许及触发方式相关寄存器

名称	描述	地址	位和符号							
			7	6	5	4	3	2	1	0
IE	中断允许寄存器	0xA8	EA	—	ET2	ES	ET1	EX1	ET0	EX0
XICON	辅助中断控制寄存器	0xC0	PX3	EX3	IE3	IT3	PX2	EX2	IE2	IT2

表 7-7 外部中断允许控制位的解释说明

寄存器	位	名称	描述
IE	0	EX0	外部中断0中断的允许控制位。 初始值为0,由软件置1或清零。 0:禁止外部中断0中断; 1:允许外部中断0中断
	2	EX1	外部中断1中断的允许控制位。 初始值为0,由软件置1或清零。 0:禁止外部中断1中断; 1:允许外部中断1中断
	7	EA	CPU总中断的允许控制位。 初始值为0,由软件置1或清零。 0:屏蔽所有中断; 1:允许中断

(续表)

寄存器	位	名称	描述
XICON	2	EX2	外部中断2中断的允许控制位。 初始值为0，由软件置1或清零。 0：禁止外部中断2中断； 1：允许外部中断2中断
	6	EX3	外部中断3中断的允许控制位。 初始值为0，由软件置1或清零。 0：禁止外部中断3中断； 1：允许外部中断3中断

例如，通过以下代码打开外部中断 0 中断允许及 CPU 总中断允许。

```
EX0 = 1;
EA = 1;
```

7.2.5　中断优先级

STC89 C52 系列微控制器能够处理多个中断，但是当这些中断请求同时产生时，就存在 CPU 响应先后顺序的问题。STC89 C52 系列微处理器具有 4 级优先级，其中与外部中断相关的寄存器和控制位如表 7-8 和表 7-9 所示。

注意：IPH 寄存器不可以进行位寻址。

表 7-8　外部中断优先级相关寄存器

名称	描述	地址	位和符号							
			7	6	5	4	3	2	1	0
XICON	辅助中断控制寄存器	0xC0	PX3	EX3	IE3	IT3	PX2	EX2	IE2	IT2
IP	中断优先级控制寄存器	0xB8	—	—	PT2	PS	PT1	PX1	PT0	PX0
IPH	中断优先级控制寄存器(高位)	0xB7	PX3H	PX2H	PT2	PSH	PT1H	PX1H	PT0H	PX0H

表 7-9　外部中断优先级控制位的解释说明

寄存器	位	名称	描述
IP	0	PX0	外部中断0的中断优先级控制位。 初始值0，由软件置1或清零。 0：设置外部中断0的中断优先级为低优先级； 1：设置外部中断0的中断优先级为高优先级
	2	PX1	外部中断1的中断优先级控制位。 初始值为1，由软件置1或清零。 0：设置外部中断1的中断优先级为低优先级； 1：设置外部中断1的中断优先级为高优先级

(续表)

寄存器	位	名称	描述
XICON	3	PX2	外部中断2的中断优先级控制位。 初始值为0，由软件置1或清零。 0：设置外部中断2的中断优先级为低优先级； 1：设置外部中断2的中断优先级为高优先级
	7	PX3	外部中断3的中断优先级控制位。 初始值为0，由软件置1或清零。 0：设置外部中断3的中断优先级为低优先级； 1：设置外部中断3的中断优先级为高优先级
IPH	0	PX0H	外部中断0的中断优先级控制位(高位)。 初始值为0，由软件置1或清零。 与PX0共同决定外部中断0的中断优先级
	2	PX1H	外部中断1的中断优先级控制位(高位)。 初始值为0，由软件置1或清零。 与PX1共同决定外部中断1的中断优先级
	6	PX2H	外部中断2的中断优先级控制位(高位)。 初始值为0，由软件置1或清零。 与PX2共同决定外部中断2的中断优先级
	7	PX3H	外部中断3的中断优先级控制位(高位)。 初始值为0，由软件置1或清零。 与PX3共同决定外部中断3的中断优先级

其中，部分优先级控制位组合如表 7-10～表 7-13 所示。

表 7-10　外部中断 3 的中断优先级

PX3H	PX3	中断优先级
0	0	最低(优先级0)
0	1	较低(优先级1)
1	0	较高(优先级2)
1	1	最高(优先级3)

表 7-11　外部中断 2 的中断优先级

PX2H	PX2	中断优先级
0	0	最低(优先级0)
0	1	较低(优先级1)
1	0	较高(优先级2)
1	1	最高(优先级3)

表 7-12　外部中断 1 的中断优先级

PX1H	PX1	中断优先级
0	0	最低(优先级0)
0	1	较低(优先级1)
1	0	较高(优先级2)
1	1	最高(优先级3)

表 7-13　外部中断 0 的中断优先级

PX0H	PX0	中断优先级
0	0	最低(优先级0)
0	1	较低(优先级1)
1	0	较高(优先级2)
1	1	最高(优先级3)

例如，通过以下代码设置外部中断 0 的中断优先级为优先级 3。

```
PX0 = 1;
IPH = 0x01;
```

中断优先级的应用如图 7-7 所示。如果单片机正在处理一个中断程序，此时又有优先级更高的中断请求，单片机会暂停当前的中断程序，转而处理新的优先级更高的中断程序。待新中断处理完毕后，再继续处理之前的中断程序。这个过程称为中断嵌套，最多可以实现两级中断服务程序嵌套。规则是，低优先级能被高优先级中断，而高优先级不能被低优先级中断。当中断得到响应后，不会再被它的同级中断源所中断。在程序中，如果不对中断优先级进行设置，则默认所有中断的优先级均为最低(优先级 0)，不会发生中断嵌套。

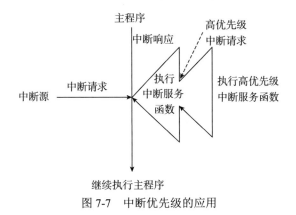

图 7-7　中断优先级的应用

在同一优先级中，如果有多个同一优先级的中断同时触发，则 CPU 的响应顺序取决于内部硬件电路形成的查询次序，如表 7-14 所示。

表 7-14　中断源内部的查询次序

中断号	中断源	查询次序
0	外部中断0	
1	定时器/计数器0	
2	外部中断1	
3	定时器/计数器1	
4	串口中断	从最高至最低
5	定时器/计数器2	
6	外部中断2	
7	外部中断3	

7.2.6　中断处理

1. 软件查询

软件查询法由软件查询中断请求标志。以外部中断 0 为例，当满足外部中断 0 的触发条件后，无论是否打开外部中断的中断允许或总中断允许，中断请求标志 IE0 都会被硬件自动置位。因此，可以利用 if 语句判断中断请求标志是否被置位，代码如下。

```
if(1 == IE0)
{
  ……..          //中断处理
  IE0 = 0;      //清零外部中断 0 的请求标志位
}
```

当 IE0 的值为 1 时，即可对中断进行处理，并在处理完毕后清除外部中断 0 的请求标志位。

2. 硬件查询

硬件查询法的响应过程由硬件完成。通常情况下，使用中断系统时都会采用硬件查询法，这样可以体现出中断系统实时性强、效率高的优势。满足以下条件时，CPU 将会对中断做出响应。

(1) 中断源发出中断请求，并且外部中断请求标志位为 1。

(2) 中断源允许位为 1。

(3) 总中断允许位为 1。

STC89 C52RC 芯片各中断源对应的中断编号如表 7-15 所示。

表 7-15　各中断源对应的中断编号

中断源	中断编号
外部中断0	0
定时器/计数器0中断	1
外部中断1	2
定时器/计数器1中断	3
串口中断	4
定时器/计数器2中断	5
外部中断2	6
外部中断3	7

CPU 响应中断的过程，即调用并执行中断服务函数的过程。中断服务函数是特殊的函数，在 C51 编程中，定义语法如下。

```
函数类型 函数名() interrupt 中断号 using 工作寄存器组号
```

其中，关键字 interrupt 后的中断号为表 7-15 中的中断号，用于说明该函数为中断源的服务函数。关键字 using 用于选择工作寄存器组，取值范围为 0~3。一般情况下可以省略，由编译器自动分配。例如，本章实例采用的外部中断 0 命名如下。

```
void External0_Handler() interrupt 0
```

在编写中断服务函数时，应遵循以下规则。

(1) 只能由 CPU 处理中断时调用，不能在代码中直接调用。

(2) 不能进行参数传递，若在中断服务函数中包含参数声明将导致程序编译出错。

(3) 不能含有返回值，因此需要将中断服务函数的类型定义为 void 类型。

(4) 中断服务函数中不宜处理耗时较长的指令，避免延误下次中断响应。

▶ **7.3**　**实例与代码解析**

视频 7-3

在本章实例中，通过了解中断的概念，学习中断系统的中断源、触发条件、请求标志、优先级及处理过程等，掌握中断功能的应用。

本例基于 51 核心板，编写程序使 KEY1 用于控制 LED1 的状态翻转，KEY2 用于控制 LED2 的状态翻转。编程要点如下。

(1) 对有关引脚进行位定义。

(2) 设置外部中断的触发方式，并打开相应的中断允许。

(3) 打开总中断允许。

(4) 编写中断服务函数，在中断服务函数中翻转 LED 的亮灭状态。

外部中断控制 LED 的实例流程如图 7-8 所示。

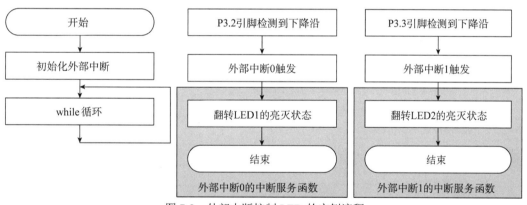

图 7-8　外部中断控制 LED 的实例流程

1. 包含头文件

在新建的 main.c 文件中，添加包含头文件代码，如程序清单 7-1 所示。

程序清单 7-1

```
#include <reg52.h>
```

2. 位定义 LED

本实例涉及的外部硬件主要有 LED1 和 LED2，位定义代码如程序清单 7-2 所示。由于按键 KEY1 和 KEY2 直接连接至外部中断引脚INT0和INT1，只要按下按键即可产生下降沿或低电平，从而触发外部中断，所以不需要对按键进行位定义。

程序清单 7-2

```
sbit LED1 = P2^4;    //定义 LED1
sbit LED2 = P2^5;    //定义 LED2
```

3. 编写中断配置函数

本实例涉及外部中断 0 及外部中断 1，设置相关中断的代码如程序清单 7-3 所示。

程序清单 7-3

```
1.   //内部函数声明
2.   static void InitInterrupt(void);
3.
4.   //内部函数实现
5.   static void InitInterrupt()
6.   {
7.     IT0 = 1;    //设置外部中断 0 的触发方式为下降沿触发
8.     EX0 = 1;    //打开外部中断 0 的中断允许
9.
10.    IT1 = 1;    //设置外部中断 1 的触发方式为下降沿触发
11.    EX1 = 1;    //打开外部中断 1 的中断允许
12.    EA  = 1;    //打开总中断允许
13.  }
```

4. 编写主函数

主函数代码如程序清单 7-4 所示。在主函数中调用编写好的 InitInterrupt 函数配置中断，执行完毕后进入 while 循环，等待中断产生。

程序清单 7-4

```
1.   void main()
2.   {
3.     InitInterrupt();  //配置中断
4.     while (1)
5.     {
6.
7.     }
8.   }
```

5. 编写外部中断服务函数

完成上述步骤后，编写如程序清单 7-5 所示的中断服务函数。其中，第 1～4 行代码为

外部中断 0 的中断服务函数，第 6~9 行代码为外部中断 1 的中断服务函数，两个中断服务
函数分别用于翻转 LED1 和 LED2 的亮灭状态。

程序清单 7-5

```
1.   void External0_Handler() interrupt 0
2.   {
3.       LED1 = ~LED1;    //翻转 LED1 的亮灭状态
4.   }
5.
6.   void External1_Handler() interrupt 2
7.   {
8.       LED2 = ~LED2;    //翻转 LED2 的亮灭状态
9.   }
```

将上述代码在 Keil 中编辑并编译，使用 STC-ISP 软件将 Keil 生成的.hex 文件下载至
51 核心板后，即可观察到如图 7-9 所示的实例现象：按下 KEY1 后，LED1 亮起；按下 KEY2
后，LED2 亮起。若再次按下 KEY2，则 LED2 熄灭；再次按下 KEY1，则 LED1 熄灭。

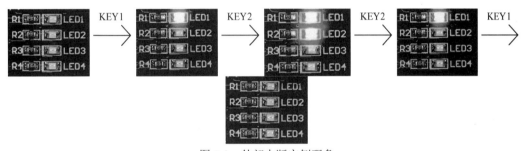

图 7-9　外部中断实例现象

思考题

1. 51 单片机中有几种类型的中断？各自的触发条件是什么？
2. 简述 51 单片机的中断处理过程。
3. 51 核心板上的 KEY3 按键能否触发外部中断？为什么？

应用实践

1. 采用外部中断的方式控制蜂鸣器的开关状态。要求：当按下按键时蜂鸣器持续鸣
叫，按键被弹起时蜂鸣器静息。

2. 基于 51 核心板,利用外部中断设计一个按键计数器。要求:采用外部中断判断 KEY1 被按下,每次按下按键后记录按下次数加 1,并且能在数码管上显示,能够从 0 计数至 9999。

3. 采用按键识别长按操作与短按操作。要求:短按 KEY1 时实现流水灯样式 1,长按 KEY1 时实现流水灯样式 2。

第 **8** 章

定时器/计数器

前面的章节中已经介绍了软件定时方法，但是使用 C51 编写的软件定时往往是不够精确的。另外，在 CPU 软件延时等待的过程中不能运行其他程序，往往会造成资源浪费。本章将会介绍 STC89 系列微控制器上的硬件定时器/计数器功能，实现更精确的定时。

✦ 机器周期与时钟周期

✦ 定时器/计数器的工作原理

✦ 定时器/计数器系统框架

✦ 实例与代码解析

视频 8-1

8.1 机器周期与时钟周期

时钟周期即晶振的振荡周期，计算方法为晶振频率的倒数。51 核心板上采用的是 12MHz 晶振，因此一个时钟周期为

$$\frac{1}{12 \times 10^6} \mathrm{s} = 0.0833 \mu\mathrm{s}(1\mu\mathrm{s} = 1 \times 10^{-3}\mathrm{ms})$$

机器周期是指单片机执行一步操作所需的最短时间。在汇编语言中，执行一条指令所需的时间为机器周期的整数倍。在 C 语言中，执行一行代码所需的时间是不确定的，因此造成了前面所提到的软件延时函数不精准的问题。

对于传统的 51 单片机，1 个机器周期等于 12 个时钟周期，而 STC89 C52RC 单片机的机器周期是可变的，为 6 或 12 个时钟周期，简称为 6T 或 12T。在 12MHz 晶振下，机器周期分别为 0.5μs 和 1μs。一些改进型的 51 单片机能够以更高的速度运行，1 个机器周期可以等于 4T 甚至 1T。在 STC-ISP 软件中可以对 STC89 C52RC 芯片的机器周期进行修改，如图 8-1 所示。

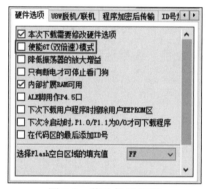

图 8-1　修改机器周期

如果选中"使能6T(双倍速)模式"复选框，则芯片运行在 6T 模式下，否则运行在 12T 模式下。改变机器周期不仅影响代码运行的效率，还会影响定时器的定时时间。因此在本书中，所有的实例都不需要选中该复选框，即默认为 12T 模式。

8.2 定时器/计数器的工作原理

视频 8-2

传统的 8051 单片机内部有 2 个 16 位的定时器/计数器，即定时器/计数器 0、定时器/计数器 1，简称 T0、T1。定时器/计数器本质上是计数器，既有定时功能，也有计数功能。当计数的事件源是周期固定的脉冲时，可以实现定时功能，为定时器；当计数的事件

源是单片机外部引脚输入的脉冲时，可以实现计数功能，为计数器。而在 8052 单片机中，如 51 核心板上的 STC89 C52RC 芯片拥有额外的定时器/计数器 2，但在本章中不做详细介绍。有关定时器/计数器 2 的使用方法，可以在学习完本章的内容后，参阅芯片用户手册 7.2 节的内容。

定时器/计数器所有累加的操作均通过计数寄存器实现，其名称与地址如表 8-1 所示。这些寄存器都属于特殊功能寄存器，单片机通电复位后其初值均为 0。其中，TH0 与 TL0 分别为定时器/计数器 0 计数值的高位与低位，TH1 与 TL1 分别为定时器/计数器 1 计数值的高位与低位。当低位的数值计满后会向高位进位。

表 8-1　计数寄存器的名称与地址

定时器	名称	地址	描述
定时器0	TL0	0x8A	计数值低位
	TH0	0x8C	计数值高位
定时器1	TL1	0x8B	计数值低位
	TH1	0x8D	计数值高位

在定时器/计数器运行之前，需要为计数寄存器赋计数初值。以工作在 16 位模式下的定时器/计数器 0 为例，通过以下代码设置计数初值为 0xFC18。

```
TH0=0xFC;
TL0=0x18;
```

有关具体的定时器/计数器工作模式及计数初值的计算方法，将在 8.3.3 节中详细介绍。一旦定时器/计数器 0 开始工作，则从设定的计数初值开始，每接收到 1 个脉冲后计数值加 1，如图 8-2 所示。

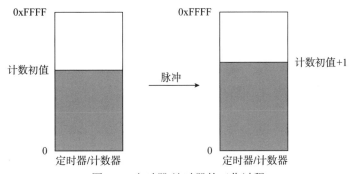

图 8-2　定时器/计时器的工作过程

如图 8-3 所示，当计数寄存器的高位与低位计满至 0xFFFF 时，再接收 1 个脉冲后定时器溢出，产生中断请求，并且自动清零。清零后，需要再次设置计数初值，使定时器/计数器能在下一次计数周期中计算相同数量的脉冲信号。

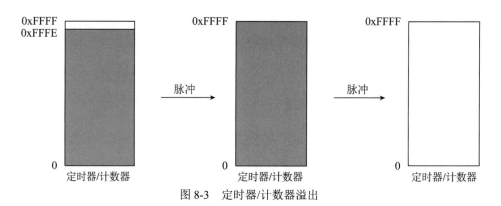

图 8-3　定时器/计数器溢出

视频 8-3

8.3　定时器/计数器系统框架

定时器/计数器系统框架如图 8-4 所示。下面从左往右对框架图中的每一个部分进行解释说明。有关逻辑门的符号，请参阅附录 B。

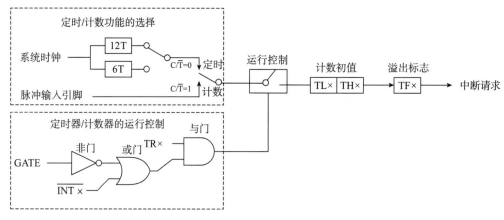

图 8-4　定时器/计数器系统框架

8.3.1　定时/计数功能的选择

定时与计数功能的选择，实质上是选择用于计数的脉冲信号来源，由 TMOD 寄存器中的两个 C/$\overline{\text{T}}$ 位控制，如表 8-2 和表 8-3 所示。TMOD 寄存器不可以进行位寻址，其中[7:4]位对应控制定时器/计数器 1，[3:0]位对应控制定时器/计数器 0。

表 8-2　定时器/计数器功能选择相关寄存器

名称	描述	地址	位和名称							
			7	6	5	4	3	2	1	0
TMOD	定时器模式寄存器	0x89	GATE	C/$\overline{\text{T}}$	M1	M0	GATE	C/$\overline{\text{T}}$	M1	M0
			定时器/计数器1				定时器/计数器0			

表 8-3　定时器/计数器功能选择位的解释说明

寄存器	位	名称	描述
TMOD	2	C/$\overline{\text{T}}$	定时器/计数器0的功能选择位。 0：作为定时器使用； 1：作为计数器使用
	6	C/$\overline{\text{T}}$	定时器/计数器1的功能选择位。 0：作为定时器使用； 1：作为计数器使用

当 C/$\overline{\text{T}}$ 取值为 1 时，定时器/计数器工作在计数模式，对外部引脚输入的脉冲进行计数。当 C/$\overline{\text{T}}$ 取值为 0 时，定时器/计数器工作在定时模式，对系统时钟进行计数。C/$\overline{\text{T}}$ 取值及脉冲信号源如表 8-4 所示。

表 8-4　C/$\overline{\text{T}}$ 取值及脉冲信号源

定时器/计数器编号	值	脉冲信号源
定时器/计数器0	1	P3.4引脚
	0	系统时钟
定时器/计数器1	1	P3.5引脚
	0	系统时钟

8.3.2　定时器/计数器的运行控制

定时器/计数器的运行由 TR0、TR1、GATE 和外部中断引脚共同控制，相关的寄存器与控制位如表 8-5 和表 8-6 所示。

表 8-5　定时器/计数器运行控制相关寄存器

名称	描述	地址	位和名称							
			7	6	5	4	3	2	1	0
TCON	定时器控制寄存器	0x88	TF1	TR1	TF0	TR0	IE1	IT0	IE0	IT0
TMOD	定时器模式寄存器	0x89	GATE	C/$\overline{\text{T}}$	M1	M0	GATE	C/$\overline{\text{T}}$	M1	M0

表 8-6　定时器/计数器运行控制位的解释说明

寄存器	位	名称	描述
TCON	4	TR0	定时器/计数器0的运行控制位。 0：禁止定时器/计数器0计数； 1：允许定时器/计数器0计数
	6	TR1	定时器/计数器1的运行控制位。 0：禁止定时器/计数器1计数； 1：允许定时器/计数器1计数

寄存器	位	名称	描述
TMOD	3	GATE	定时器/计数器0的门控制位。 初始值为0，由软件置1或清零。 0：不受$\overline{INT0}$控制； 1：仅在$\overline{INT0}$为高电平时允许启动
	7	GATE	定时器/计数器1的门控制位。 初始值为0，由软件置1或清零。 0：不受$\overline{INT1}$控制； 1：仅在$\overline{INT1}$为高电平时允许启动

其中 GATE 是门控制位，用于控制定时器/计数器的运行是否受外部中断引脚的影响。如表 8-7 所示，当 GATE 为 0 时，经过非门后输出 1，或门输出 1，只要 TR×为 1，经过与门输出的运行信号为 1，即允许运行，就可以启动定时器/计数器。当 GATE 为 1 时，需要外部中断引脚 $\overline{INT×}$（×的取值为 0 或 1)为高电平，同时 TR×(×的取值为 0 或 1)为 1，才可以启动定时器/计数器。

表 8-7 定时器/计数器运行控制位取值或引脚电平状态对应的运行信号

GATE	$\overline{INT×}$	TR×	定时器/计数器的运行信号
0	1/0	1	运行(1)
0	1/0	0	不运行(0)
1	1	1	运行(1)
1	0	1/0	不运行(0)

8.3.3 工作模式与计数初值

定时器具有 4 种工作模式，控制其工作模式的相关寄存器和控制位如表 8-8 和表 8-9 所示。

表 8-8 定时器/计数器工作模式相关寄存器

名称	描述	地址	位和名称							
			7	6	5	4	3	2	1	0
TMOD	定时器模式寄存器	0x89	GATE	$C/\overline{T}$	M1	M0	GATE	$C/\overline{T}$	M1	M0
			定时器/计数器1				定时器/计数器0			

表 8-9 定时器/计数器工作模式控制位的解释说明

寄存器	位/位域	名称	描述
TMOD	5:4	M1、M0	定时器/计数器1工作模式的选择
	1:0	M1、M0	定时器/计数器0工作模式的选择

其中，M1 和 M0 的取值对应的工作模式如表 8-10 所示。

表 8-10　M1 和 M0 的取值对应的工作模式

M1	M0	工作模式	说明
0	0	0	13位定时器/计数器
0	1	1	16位定时器/计数器
1	0	2	8位定时器/计数器，可自动重装载
1	1	3	两组独立的8位定时器

1. 工作模式 0

当 M1、M0 的值为 00 时，定时器/计数器设置为工作模式 0。该模式为 13 位的定时器/计数器，由 TL×(对 TL0 和 TL1 的统称)的低 5 位和 TH×(对 TH0 和 TH1 的统称)的 8 位构成。当 TL×低 5 位溢出时，向 TH×进位。当 TH×溢出时，将会产生溢出中断。

假设实际所需的定时时间或计数值为 x，计数器长度为 n 位(在工作模式 0 中，n=13)，则计数初值应设置为 $2^n - x$。将此值分解为两个 8 位的十六进制数，即可得到 TH×与 TL×计数寄存器的值。

对于定时模式，定时时间与晶振频率有关。以 51 核心板为例，晶振为 12MHz，若工作在 12T 模式中，则机器周期为 1μs，即每过 1μs 计数值加 1。

例如，使用 T0 在工作模式 0 下定时 1ms 后溢出，首先通过如下代码设置工作模式。

```
TMOD = 0x00;
```

接着，计算出计数初值。1ms 对应为 1000μs，计数初值为 2^{13}−1000=7192，转换为十六进制为 0x1C18。由于 TL0 只有低 5 位有效，所以将 0x1C18 右移 5 位即为 TH0 取值，将 0x1C18 取低 5 位即为 TL0 取值，代码如下。

```
THO = 0x1C18 >> 5;
TL0 = 0x1C18 & 0x1F;
```

最后打开定时器，即可开始一次 1ms 计时，代码如下。

```
TR0 = 1;
```

工作模式 0 是为了兼容老款单片机而设立的。在实际开发中，通常会使用下面介绍的工作模式 1。

2. 工作模式 1

当 M1、M0 的值为 01 时，定时器/计数器设置为工作模式 1。该模式为 16 位的定时器/计数器，由 TL×的 8 位和 TH×的 8 位构成。当 TL×溢出时，向 TH×进位。当 TH×溢出时，将会产生溢出中断。

例如，使用 T0 在工作模式 1 下定时 1ms 后溢出，首先通过如下代码设置工作模式。

```
TMOD = 0x01;
```

接着，计算出计数初值。定时 1ms 后溢出，计数初值即为 $2^{16} - 1000 = 64536$，转换为十六进制即为 0xFC18，并将其高 8 位 0xFC 与低 8 位 0x18 分别赋值给 TH0 和 TL0，代码如下。

```
TH0 = 0xFC;
TL0 = 0x18;
```

最后打开定时器 1，即可开始计数，代码如下。

```
TR1 = 1;
```

工作模式 0 与工作模式 1 的不同之处在于计数器长度。前者为 13 位，后者为 16 位，对应的最大计数值分别为 8191 和 65535。

3. 工作模式 2

当 M1、M0 的值为 10 时，定时器设置为工作模式 2。该模式为可自动重装载的 8 位定时器/计数器，计数值保存在 TL× 中，自动重装载值保存在 TH× 中。计数寄存器自动重装载定时器如图 8-5 所示，当 TL× 溢出时，将会自动读取 TH× 中的值作为新的计数初值。

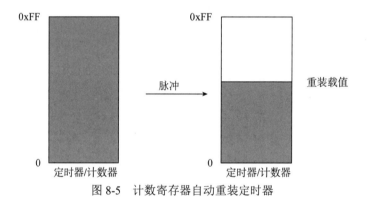

图 8-5 计数寄存器自动重装定时器

在其他工作模式中，通过软件装载定时器初值会消耗一定的时间，影响定时精度。因此，工作模式 2 适用于对定时精度要求较高的场合。

4. *工作模式 3

当 M1、M0 的值为 11 时，定时器设置为工作模式 3。该模式是为了增加一个附加的 8 位定时器而提供的，此时 T1 停止计数，T0 拆分为两个独立的 8 位定时器/计数器，对应的计数初值分别存放于 T0 的 TL0 和 TH0 中。其中，TL0 占用 T0 的控制位，TH0 限定为定时器功能，并且占用 T1 的运行控制位 TR1 及溢出标志位 TF1。

8.3.4 定时器/计数器中断

定时器/计数器 0 和 1 的中断编号分别为 0 和 2。在定时器中断中，常处理定时器重装等。

1. 中断请求标志位

当计数寄存器溢出后，将会由硬件对相应的标志位置位。与定时器/计数器溢出中断请求相关的寄存器和标志位如表 8-11 和表 8-12 所示。

表 8-11　定时器/计数器溢出中断请求标志位相关寄存器

名称	描述	地址	位和名称							
			7	6	5	4	3	2	1	0
TCON	定时器控制寄存器	0x88	TF1	TR1	TF0	TR0	IE1	IT0	IE0	IT0

表 8-12　定时器/计数器溢出中断请求标志位的解释说明

寄存器	位	名称	描述
TCON	5	TF0	定时器/计数器0溢出中断的请求标志位。 初始值为0，发生溢出时硬件置1，执行中断服务函数时硬件清零。 0：定时器/计数器0溢出无中断请求； 1：定时器/计数器0溢出有中断请求
	7	TF1	定时器/计数器1溢出中断的请求标志位。 初始值为0，发生溢出时硬件置1，执行中断服务函数时硬件清零。 0：定时器/计数器1溢出无中断请求； 1：定时器/计数器1溢出有中断请求

2. 中断允许控制位

中断允许控制决定着中断能否被 CPU 响应，用于控制定时器/计数器溢出中断的寄存器为 IE，如表 8-13 和表 8-14 所示。

表 8-13　定时器/计数器中断允许控制位相关寄存器

名称	描述	地址	位和符号							
			7	6	5	4	3	2	1	0
IE	中断允许寄存器	0xA8	EA	—	ET2	ES	ET1	EX1	ET0	EX0

表 8-14　定时器/计数器中断允许控制位的解释说明

寄存器	位	名称	描述
IE	1	ET0	定时器/计数器0的中断允许控制位。 初始值为0，由软件置1或清零。 0：禁止定时器/计数器0中断； 1：允许定时器/计数器0中断
	3	ET1	定时器/计数器1的中断允许控制位。 初始值为0，由软件置1或清零。 0：禁止定时器/计数器1中断； 1：允许定时器/计数器1中断

(续表)

寄存器	位	名称	描述
IE	7	EA	CPU总中断的中断允许控制位。 初始值为0，由软件置1或清零。 0：屏蔽所有中断； 1：允许中断

3. *中断优先级控制

STC89 C52系列微控制器具有4级优先级，其中与定时器/计数器中断相关的寄存器和控制位如表8-15和表8-16所示。注意：IPH寄存器不可以进行位寻址操作。

表8-15 定时器/计数器中断优先级相关寄存器

名称	描述	地址	位和符号							
			7	6	5	4	3	2	1	0
IP	中断优先级控制寄存器	0xB8	—	—	PT2	PS	PT1	PX1	PT0	PX0
IPH	中断优先级控制寄存器(高位)	0xB7	PX3H	PX2H	PT2H	PSH	PT1H	PX1H	PT0H	PX0H

表8-16 定时器/计数器中断优先级控制位的解释说明

寄存器	位	名称	描述
IP	1	PT0	定时器/计数器0的中断优先级控制位。 初始值为0，由软件置1或清零。 0：设置定时器/计数器0的中断优先级为低优先级； 1：设置定时器/计数器0的中断优先级为高优先级
	3	PT1	定时器/计数器1的中断优先级控制位。 初始值为0，由软件置1或清零。 0：设置定时器/计数器1的中断优先级为低优先级； 1：设置定时器/计数器1的中断优先级为高优先级
IPH	1	PT0H	定时器/计数器0的中断优先级控制位(高位)。 初始值为0，由软件置1或清零。 与PT0共同决定定时器0的中断优先级
	3	PT1H	定时器/计数器1的中断优先级控制位(高位)。 初始值为0，由软件置1或清零。 与PT1共同决定定时器1的中断优先级

其中，部分优先级控制位组合如表8-17和表8-18所示。

表 8-17　定时器 1 的中断优先级

PT1H	PT1	中断优先级
0	0	最低(优先级0)
0	1	较低(优先级1)
1	0	较高(优先级2)
1	1	最高(优先级3)

表 8-18　定时器 0 的中断优先级

PT0H	PT0	中断优先级
0	0	最低(优先级0)
0	1	较低(优先级1)
1	0	较高(优先级2)
1	1	最高(优先级3)

8.4　实例与代码解析

视频 8-4

在本章实例中，通过学习定时器/计数器的概念及配置方法，编写程序让定时器/计数器实现定时或计数功能。

8.4.1　计数器控制 LED 灯

本实例基于 51 核心板，当 KEY3 被按下的次数达到 3 次之后，LED1 的亮灭状态翻转。编程要点如下。

(1) 配置中断相关控制位。

(2) 配置计数器，包括设置工作模式、设置计数初值及打开计数器运行控制位。

(3) 编写中断服务函数，执行计数器重装载及 LED1 亮灭状态翻转操作。

计数器实例的程序设计流程如图 8-6 所示。

本实例的实现步骤如下。

1. 包含头文件

在新建的 main.c 文件中，添加包含头文件代码，如程序清单 8-1 所示。

程序清单 8-1

```
#include <reg52.h>
```

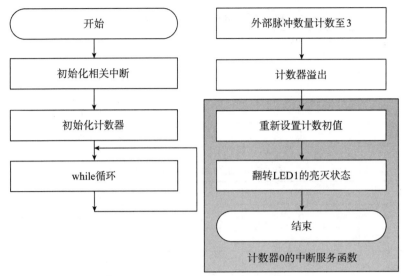

图 8-6　计数器实例的程序设计流程

2. 位定义 LED

本实例涉及的外部硬件主要有 LED1，位定义代码如程序清单 8-2 所示。

程序清单 8-2

```
sbit LED1 = P2^4;    //定义 LED1
```

3. 编写中断配置函数

本实例涉及的中断源有定时器 0 中断，需要打开定时器/计数器 0 的中断允许及总中断允许，代码如程序清单 8-3 所示。

程序清单 8-3

```
1.    static void InitInterrupt()
2.    {
3.        ET0 = 1;        //打开定时器/计数器 0 的中断允许
4.        EA  = 1;        //打开总中断允许
5.    }
```

4. 编写计数器 0 配置函数

本实例中，需要计数器计数至 3 后溢出。如程序清单 8-4 所示，计数器 0 选用工作模式 1，为 16 位计数器，计数初值为 $2^{16} - 3 = 65533$，转换为十六进制为 0xFFFD，分别将高 8 位 0xFF 赋值给 TH0，低 8 位 0xFD 赋值给 TL0，最后打开计数器 0。

程序清单 8-4

```
1.    static void InitTimer0()
2.    {
3.        TMOD = 0x05;        //设置计数器 0 为工作模式 1(16 位计数器)
```

4.	TH0 = 0xFF;	//设置计数器 0 计数初值的高 8 位
5.	TL0 = 0xFD;	//设置计数器 0 计数初值的低 8 位,计数至 3 后溢出
6.	TR0 = 1;	//打开计数器 0
7.	}	

5. 编写主函数

在主函数中调用 InitInterrupt 函数配置中断，再调用 InitTimer0 函数配置计数器 0，然后让程序进入 while 循环，如程序清单 8-5 所示。

程序清单 8-5

1.	void main()	
2.	{	
3.	InitInterrupt();	//配置中断
4.	InitTimer0();	//配置计数器 0
5.	while (1)	
6.	{	
7.		
8.	}	
9.	}	

6. 编写中断服务函数

完成上述步骤后，在主函数之后编写如程序清单 8-6 所示的计数器 0 的中断服务函数。

程序清单 8-6

1.	void Timer0_Handler() interrupt 1	
2.	{	
3.	TH0 = 0XFF;	//重新设置计数器 0 计数初值的高 8 位
4.	TL0 = 0XFD;	//重新设置计数器 0 计数初值的低 8 位,计数至 3 后溢出
5.	LED1 = ~LED1;	//翻转 LED1 的亮灭状态
6.	}	

(1) 第 3 和第 4 行代码：重新装载计数器 0 的计数初值，使计数器在下一次计数周期中计数相同的值。

(2) 第 5 行代码：对 LED1 取反，翻转其亮灭状态。

将上述代码在 Keil 中编辑并编译，使用 STC-ISP 软件将 Keil 生成的.hex 文件下载至 51 核心板后，可观察到如图 8-7 所示的实例现象。按下 3 次 KEY3 后，LED1 亮起；再按下 3 次 KEY3 后，LED1 熄灭。

图 8-7　计数器实例现象

8.4.2　定时器控制 LED 灯

本实例基于 51 核心板，当定时时间达到 1s 时，令 LED1 的亮灭状态翻转。编程要点如下。

(1) 配置相关中断控制位。

(2) 配置定时器，包括设置工作模式、设置计数初值及打开定时器运行控制位。

(3) 编写中断服务函数，执行定时器重装载及 LED1 的亮灭状态翻转操作。

定时器实例的程序设计流程如图 8-8 所示。

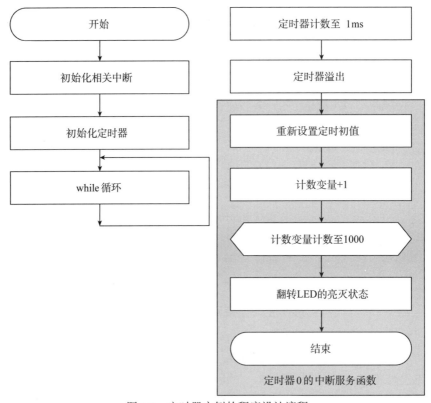

图 8-8　定时器实例的程序设计流程

本实例的实现步骤如下。

1. 包含头文件

在新建的 main.c 文件中，添加包含头文件代码，如程序清单 8-7 所示。

程序清单 8-7

```
#include <reg52.h>
```

2. 位定义 LED

本实例涉及的外部硬件主要有 LED1，位定义代码如程序清单 8-8 所示。

程序清单 8-8

```
sbit LED1 = P2^4;    //定义 LED1
```

3. 编写中断配置函数

本实例涉及的中断源有定时器 0 中断，需要打开定时器/计数器 0 的中断允许及总中断允许，代码如程序清单 8-9 所示。

程序清单 8-9

```
1.   static void InitInterrupt()
2.   {
3.       ET0 = 1;        //打开定时器/计数器 0 的中断允许
4.       EA  = 1;        //打开总中断允许
5.   }
```

4. 编写定时器 0 配置函数

本实例中，需要定时器 0 定时 1ms 后溢出。如程序清单 8-10 所示，定时器 0 选用工作模式 1，为 16 位定时器，计数初值为 $2^{16} - 1000 = 64536$，转换为十六进制为 0xFC18，分别将高 8 位 0xFC 赋值给 TH0，低 8 位 0x18 赋值给 TL0，最后打开定时器 0。

程序清单 8-10

```
1.   static void InitTimer0()
2.   {
3.       TMOD = 0x01;    //设置定时器 0 为工作模式 1(16 位定时器)
4.       TH0  = 0xFC;    //设置定时器 0 计数初值的高 8 位
5.       TL0  = 0x18;    //设置定时器 0 计数初值的低 8 位,定时 1ms 后溢出
6.       TR0  = 1;       //打开定时器 0
7.   }
```

5. 编写主函数

在主函数中调用 InitInterrupt 和 InitTimer0 函数后，让程序进入 while 循环，如程序清单 8-11 所示。

程序清单 8-11

```
1.   void main()
2.   {
3.     InitInterrupt();        //配置中断
4.     InitTimer0();           //配置定时器 0
5.     while (1)
6.     {
7.
8.     }
9.   }
```

6. 编写中断服务函数

完成上述步骤后，在主函数之后编写如程序清单 8-12 所示的定时器 0 的中断服务函数。

程序清单 8-12

```
1.   void Timer0_Handler() interrupt 1
2.   {
3.       static unsigned int s_iCounter; //定义静态变量 s_iCounter 作为计数变量
4.       TH0 = 0XFC;                      //重新设置定时器 0 计数初值的高 8 位
5.       TL0 = 0X18;                      //重新设置定时器 0 计数初值的低 8 位,定时 1ms 后溢出
6.
7.       s_iCounter++;                    //每次进入一次中断,计数变量加 1
8.       if(s_iCounter >= 1000)           //当计数变量达到 1000 时,即 1000ms
9.       {
10.        s_iCounter = 0;                //计数变量清零
11.        LED1 = ~LED1;                  //翻转 LED1 的亮灭状态
12.      }
13.  }
```

(1) 第 4 和第 5 行代码：重新设置定时器 0 的计数初值，使定时器能够在下一次定时周期中定时相同的时间。

(2) 第 7 行代码：每进入一次中断，计时变量加 1，表示时间过去 1ms。

(3) 第 8 行代码：当计数变量达到 1000，即时间过去 1000ms 时，执行 if 语句内的操作。

(4) 第 10 行代码：计数变量清零，使其能够计数下一个 1000ms。

(5) 第 11 行代码：对 LED1 取反，翻转其亮灭状态。

将上述代码在 Keil 中编辑并编译，使用 STC-ISP 软件将 Keil 生成的.hex 文件下载至 51 核心板后，即可观察到如图 8-9 所示的实例现象。通电开机 1s 后，LED1 亮起；经过 1s 后，LED1 熄灭，循环往复。

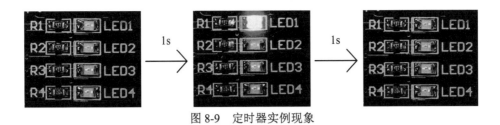

图 8-9　定时器实例现象

思考题

1. 简述机器周期和时钟周期的概念。
2. 简述定时器/计数器的工作原理。
3. 有哪些方法可以控制定时器/计数器的运行？

应用实践

1. 利用定时器/计数器设计一个 60s 的倒计时程序。要求：能够在数码管上显示倒计时，并且在倒计时为 0 时，蜂鸣器鸣叫，按下 KEY1 时能够重新开始计时。

2. 利用定时器/计数器实现按下按键的时间测量。要求：能够在数码管上显示按下 KEY1 的时间，单位为 ms。

任务提示：利用 TR0 位控制定时器 0 的运行，当按下 KEY1 时定时器 0 开始运行，当 KEY1 被弹起时停止，计算其中的时间间隔。

第 9 章

PWM与呼吸灯

PWM(pulse width modulation，脉冲宽度调制)是指按照一定的规律改变脉冲宽度，以获得所需波形的调制方法，被广泛应用在测量、功率控制等诸多领域中。呼吸灯是指 LED 灯随时间逐渐亮起，而又逐渐熄灭，像人的呼吸一样此起彼伏的效果，常用在手机、计算机等指示灯上。

✦   PWM 基本参数

✦   PWM 控制 LED 亮度的原理

✦   PWM 输出原理

✦   实例与代码解析

9.1　PWM 基本参数

本节介绍 PWM 的基本参数，包括电平标准、周期和频率及占空比。

9.1.1　电平标准

PWM 波形中有高电平和低电平两种状态。在 51 核心板的 STC89 C52RC 芯片中，输出的高电平为电源电压 5V，低电平为 0V。

9.1.2　周期和频率

周期是指 PWM 信号从一个上升沿到下一个上升沿所需要的时间，如图 9-1 所示。PWM 信号频率为单位时间内完成周期性变化的次数，即为周期的倒数。

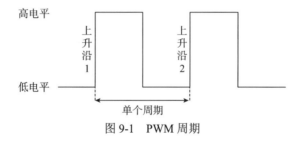

图 9-1　PWM 周期

9.1.3　占空比

在一个脉冲周期内，高电平时间占整个周期的比值称为占空比。如图 9-2 所示，在一个周期 T 内，高电平持续时间为 t_H，低电平持续时间为 t_L。如果信号周期 T=10ms(频率为 100Hz)，$t_H = 6$ms，$t_L = 4$ms，则占空比为 $t_H/T = 60\%$。

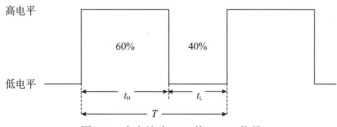

图 9-2　占空比为 60%的 PWM 信号

9.2 PWM 控制 LED 亮度的原理

视频 9-2

在一个 PWM 周期内，LED 消耗的总电能 W 为亮起时消耗的电能 W_L 与熄灭时消耗的电能 W_H 之和。单片机 I/O 引脚输出低电平时 LED 亮起，输出高电平时 LED 熄灭，设引脚输出低电平持续时间为 t_L，LED 功率为 P_L；引脚输出高电平持续时间为 t_H，LED 功率为 P_H，则一个周期内 LED 消耗的电能为

$$W = W_H + W_L = P_H t_H + P_L t_L$$

而 LED 熄灭时功率近似为 0，即 $P_H = 0$，因此上式可以简化为

$$W = W_L = P_L t_L$$

此处使用平均功率量化 LED 的亮度，平均功率越大，则 LED 灯的亮度越高。假设 PWM 周期为 T，且 $T = t_H + t_L$，则一个周期内 LED 的平均功率为

$$P = \frac{W}{T} = \frac{P_L t_L}{T}$$

由此可见，当周期 T 恒定时，一个周期内 LED 的平均功率是由引脚低电平持续时间 t_L 决定的，而低电平持续时间由 PWM 占空比控制。因此通过控制 PWM 的占空比，即可控制 LED 熄灭与亮起的时长，最终改变其亮度。

另外，当 LED 熄灭和亮起的频率即 PWM 频率足够高时，由于人眼的视觉暂留原理，人眼将觉察不到 LED 的亮灭，而只能观察到 LED 整体的亮度发生改变。

9.3 PWM 输出原理

视频 9-3

在单片机中，输出 PWM 的方法有很多。例如，可以利用软件延时方法，先让单片机输出高电平并延时，再将该 I/O 引脚输出电平翻转为低电平，再延时。不断重复上述操作，即可实现 PWM 输出。但是软件延时方法会占用大量的 CPU 资源，因此可以利用定时精度较高的定时器控制 I/O 引脚电平翻转时间。另外，也有更高阶单片机的定时器中含有 PWM 输出功能，只需要设置 PWM 相关参数，单片机即可通过特定引脚持续输出 PWM 信号。而 51 核心板采用的 STC89 微控制器的定时器不含 PWM 功能，因此本章实例采用定时器中断的方式控制 I/O 引脚的电平状态，使用软件模拟输出 PWM 信号。呼吸灯效果的实现分为两步：首先实现 PWM 输出，然后按照规律调整 PWM 的占空比。

9.3.1 输出 PWM 信号

假设需要通过与 LED1 相连的 P2.4 引脚输出频率为 100Hz(即周期为 10ms)、占空比为

50%的 PWM 信号，首先通过以下代码位定义 LED。

```
sbit LED1 = P2^4;
```

为了便于计算占空比，将 10ms 平均分为 100 份，即每份为 100μs。因此，在主函数中设置定时器 0 定时为 100μs，代码如下。

```
TMOD = 0x02;        //设置定时器 0 为工作模式 2(8 位自动重装载定时器)
TH0  = 0x9C;        //设置定时器 0 重装载值
TL0  = 0x9C;        //设置定时器 0 计数初值,定时时间为 100μs
TR0  = 1;           //打开定时器 0
```

在定时器 0 的中断服务函数中，定义计数变量 s_iCnt1。定时器 0 中断每 100μs 触发一次，每次触发时令 s_iCnt1 加 1，计数到 100 时清零，即能反复执行 10ms 计数。

```
static int s_iCnt1 = 0;
s_iCnt1++;
if(s_iCnt1 >= 100)          //PWM 周期控制,周期为 100*100μs = 10ms
{
    s_iCnt1 = 0;            //清零 10ms 计数变量
}
```

在定时器 0 的中断服务函数中，初始化占空比变量 s_iDuty 为 50。利用 s_iCnt1 计数变量控制 LED1 的亮起与熄灭状态。当 s_iCnt1 小于 50 时 LED1 亮起，大于 50 时 LED1 熄灭，代码如下。

```
static int s_iDuty = 50;
if(s_iCnt1 <= s_iDuty)      //若当前小于占空比
{
    LED1 = 0;               //LED1 亮起
}
else
{
    LED1 = 1;               //LED1 熄灭
}
```

通过以上配置，即可输出频率为 100Hz、占空比为 50%的 PWM 信号至 LED1。以上代码仅为部分关键代码，将以上代码补充并编写完整，然后烧录至 51 核心板，即可观察到 LED1 亮起，但是亮度偏低的现象。然后可以利用 PWM 调节 LED1 的亮度。

9.3.2　按照规律调节 PWM 占空比

按照一定的规律改变 PWM 的占空比，即调节 s_iDuty 变量的值，LED1 亮度就能够随时间改变。PWM 占空比调节方案有线性调节、正弦曲线调节、高斯曲线调节等，本章采用最简单的线性调节方案。

假设每 20ms 调节一次亮度，在定时器 0 的中断服务函数中，定义计数变量 s_iCnt2。定时器 0 中断每 100μs 触发一次，每次触发令 s_iCnt2 加 1，计数到 200 时清零，即能反复执行 20ms 计数，代码如下。

```c
static int s_iCnt2 = 0;

s_iCnt2++;
if(s_iCnt2 >= 200)
{
  s_iCnt2 = 0;
  ......
}
```

接下来继续对上述代码进行补充。在定时器 0 的中断服务函数中，引入标志变量 s_iFlag。当 s_iFlag 为 0 时，表示当前需要减小占空比；当 s_iFlag 为 1 时，表示当前需要增加占空比。如果占空比减小至 0，则将 s_iFlag 置为 1；如果占空比增加至 100，则将 s_iFlag 置为 0。调整占空比的代码如下。

```c
static int s_iCnt2 = 0;
static char s_iFlag = 0;
s_iCnt2++;
if(s_iCnt2 >= 200)          //调节占空比,周期为200*100μs =20ms,用于控制呼吸快慢
{
  s_iCnt2 = 0;

  //设置占空比调节标志
  if(s_iDuty >= 100 && 1 == s_iFlag) //若占空比增大到100且当前标志为增加占空比
  {
    s_iFlag = 0;                       //设置标志为减小占空比
  }
  else if(0 == s_iDuty && 0 == s_iFlag)//若占空比减小到0且当前标志为减小占空比
  {
    s_iFlag = 1;                       //设置标志为增加占空比
  }

  //占空比调节
  if(0 == s_iFlag)                     //若 s_iFlag 为 0
  {
```

```
      s_iDuty--;                        //减小占空比
  }
  else if(1 == s_iFlag)                 //若 s_iFlag 为 1
  {
      s_iDuty++;                        //增加占空比
  }
}
```

执行上述代码，即可输出频率为 100Hz、占空比调节频率为 50Hz 的 PWM 信号至 LED1。上述代码仅为部分关键代码，将上述代码补充并编写完整后，即可观察到 LED1 的呼吸灯效果。

9.4　实例与代码解析

视频 9-4

在本章实例中，需要掌握 PWM 相关参数的概念及 PWM 的原理，了解呼吸灯效果的实现原理，最后编写程序实现呼吸灯效果。

在本实例中，基于 51 核心板设计一个呼吸灯程序，通过逐渐改变 PWM 的占空比来实现 LED1 的呼吸灯效果。编程要点如下。

(1) 初始化定时器中断。

(2) 配置定时器。

(3) 在定时器中断服务函数中，控制占空比及 LED 的亮起与熄灭。

PWM 与呼吸灯实例的程序设计流程如图 9-3 所示。

本实例的实现步骤如下。

1. 包含头文件

在新建的 main.c 文件中，添加包含头文件代码，如程序清单 9-1 所示。

程序清单 9-1

```
#include <reg52.h>
```

2. 位定义 LED

本章实例涉及的外部硬件主要有 LED1，编写如程序清单 9-2 所示的代码定义 LED1。

程序清单 9-2

```
sbit LED1 = P2^4;    //定义 LED1
```

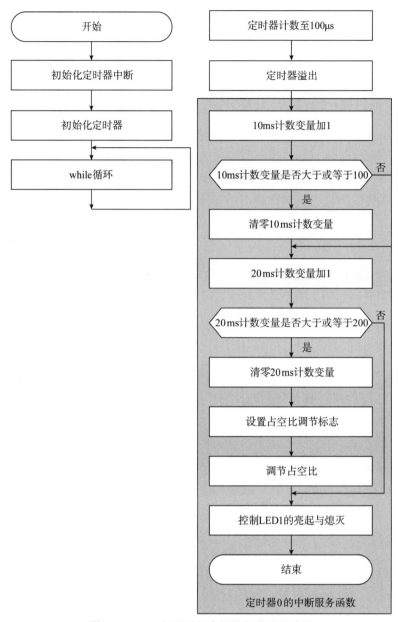

图 9-3　PWM 与呼吸灯实例的程序设计流程

3. 编写定时器配置函数

本章实例利用定时器产生 PWM 信号及使 PWM 占空比周期性变化，因此需要对定时器进行配置，代码如程序清单 9-3 所示。

程序清单 9-3

```
1.    static void InitTimer0()
2.    {
3.      TMOD = 0x02;          //设置定时器 0 为工作模式 2 (8 位自动重装载定时器)
4.      TH0  = 0xFF;          //设置定时器 0 重装载值
```

```
5.      TL0  = 0x9C;          //设置定时器 0 计数初值,定时时间 100μs
6.      TR0  = 1;             //打开定时器 0
7.   }
```

(1) 第 3 行代码:设置 TCON 寄存器,设置定时器 0 为工作模式 2,即 8 位自动重装载定时器。

(2) 第 4 和第 5 行代码:设置定时器初值。定时时间为 100μs,则计数初值为 65436 (65536−100),转换为十六进制即为 0xFF9C,将这个值的高 8 位 0xFF 赋给 TH0,低 8 位 0x9C 赋给 TL0。

(3) 第 6 行代码:打开定时器 0,使其开始运行。

4. 编写中断初始化函数

本实例涉及定时器 0 溢出中断,编写如程序清单 9-4 所示的代码打开中断允许。

程序清单 9-4

```
1.   static void InitInterrupt()
2.   {
3.      ET0 = 1;              //打开定时器 0 的中断允许
4.      EA  = 1;              //打开总中断允许
5.   }
```

5. 编写主函数

在主函数中调用 InitTimer0 和 InitInterrupt 函数后,让程序进入 while 循环,如程序清单 9-5 所示。

程序清单 9-5

```
1.   void main()
2.   {
3.      InitTimer0();         //初始化定时器 0
4.      InitInterrupt();      //初始化相关中断
5.      while (1)
6.      {
7.
8.      }
9.   }
```

6. 编写中断服务函数

完成上述步骤后,还需要编写定时器 0 的中断服务函数代码,如程序清单 9-6 所示。

程序清单 9-6

```
1.   void Timer0_Handler () interrupt 1
2.   {
```

```
3.     static unsigned int s_iCnt1 = 0;
       //定义静态变量 s_iCnt1 作为 10ms 计数变量,用于控制 PWM 周期

4.     static unsigned int s_iCnt2 = 0;
       //定义静态变量 s_iCnt1 作为 20ms 计数变量,用于控制呼吸快慢

5.     static unsigned int s_iDuty = 100;   //定义静态变量 s_iDuty 作为占空比

6.     static unsigned char s_iFlag = 0;
       //占空比减小或增加的标志,为 0 时占空比减小,为 1 时占空比增加

7.

8.     s_iCnt1++;

9.     if(s_iCnt1 >= 100)              //PWM 周期控制,周期为 100*100μs =10ms

10.    {

11.    s_iCnt1 = 0;                    //清零 10ms 计数变量

12.    }

13.

14.    s_iCnt2++;

15.    if(s_iCnt2 >= 200)
       //调节占空比,周期为 200*100μs = 20ms,用于控制呼吸快慢

16.    {

17.    s_iCnt2 = 0;                    //清零 20ms 计数变量

18.

19.                                    //设置占空比调节标志

20.    if(s_iDuty >= 100 && 1 == s_iFlag)//若占空比增大到 100 且当前标志为增加占空比

21.    {

22.      s_iFlag = 0;                  //设置标志为减小占空比

23.    }

24.    else if(0 == s_iDuty && 0 == s_iFlag)
       //若占空比减小到 0 且当前标志为减小占空比

25.    {

26.      s_iFlag = 1;                  //设置标志为增加占空比

27.    }

28.

29.                                    //占空比调节

30.    if(0 == s_iFlag)                //若 s_iFlag 为 0

31.    {

32.      s_iDuty--;                    //减小占空比

33.    }

34.    else if(1 == s_iFlag)           //若 s_iFlag 为 1

35.    {

36.      s_iDuty++;                    //增加占空比

37.    }

38.    }
```

```
39.
40.    if(s_iCnt1 <= s_iDuty)        //控制 LED 的打开与关闭
41.    {
42.      LED1 = 1;                   //P2.4 引脚输出高电平,关闭 LED1
43.    }
44.    else
45.    {
46.      LED1 = 0;                   //P2.4 引脚输出低电平,打开 LED1
47.    }
48. }
```

(1) 第 3～6 行代码：初始化相关变量。

(2) 第 8～12 行代码：定时器 0 中断每 100μs 触发一次，每次触发时令 s_iCnt1 加 1，计数到 100 时清零，即能反复执行 10ms 计数。

(3) 第 14～38 行代码：每 20ms 调节一次 PWM 信号的占空比。

(4) 第 40～47 行代码：利用 s_iCnt1 计数变量控制 LED1 的点亮与熄灭状态。当 s_iCnt1 小于或等于 s_iDuty 时，P2.4 引脚输出高电平；当 s_iCnt1 大于 s_iDuty 时，P2.4 引脚输出低电平。

将上述代码在 Keil 中编辑并编译，使用 STC-ISP 软件将 Keil 生成的.hex 文件下载至 51 核心板后，即可观察到 LED1 逐渐亮起，而又逐渐熄灭的效果，如图 9-4 所示。

图 9-4　PWM 与呼吸灯实例效果

思考题

1. 什么是 PWM？它有哪些基本参数？
2. 简述 LED 灯亮度调节的原理。
3. 简述呼吸灯的实现思路。

应用实践

1. 采用按键控制 LED1 的亮度。要求：能在数码管上显示当前占空比，能够使用 KEY1 增加占空比，使用 KEY2 降低占空比。

2. 采用按键调整 LED1 的呼吸速度。要求：能在数码管上显示 PWM 占空比调整周期(单位为 ms)，能够使用 KEY1 降低调整周期，使用 KEY2 增加调整周期。

第10章

串口通信

串口通信是设备之间十分常见的数据通信方式,由于占用的硬件资源极少、通信协议简单及易于使用等优势,串口成为单片机系统中使用频繁的通信接口之一。通过串口,单片机不仅可以与计算机进行通信,还可以进行程序调试,甚至可以连接蓝牙、Wi-Fi 和传感器等外部硬件模块,从而拓展更多的功能。在芯片选型时,串口数量也是工程师参考的重要指标之一。因此,掌握串口的相关知识及用法,是单片机学习的一个重要环节。

❖ 通信协议介绍

❖ 串口通信协议介绍

❖ UART 电路原理图

❖ 串口中断

❖ 串口工作模式

❖ 实例与代码解析

10.1 通信协议介绍

为了实现单片机与计算机，或单片机与单片机之间的信息交换，常常需要对相互之间交流的"语言"做出规范，此规范即为通信协议，是通信双方对数据传送控制的一种约定。其中，协议的内容包括物理特性、数据格式、同步方式、校验方式等，通信双方都必须共同遵守。在单片机系统中，常用的通信协议有 I^2C、SPI、CAN 等。按照传输方式划分，通信可以分为并行通信和串行通信。

10.1.1 并行通信和串行通信

并行通信的各个位同时传输，每一位数据都需要一条传输线，如图 10-1 所示。例如，在数码管实例中，数码管与单片机之间的通信，就利用了 P0.0～P0.7 共 8 个 I/O 引脚同时传输段码数据。并行通信的优点是传输速度较快，适合短距离传输。但是，并行通信需要占用大量的 I/O 引脚，成本较高。

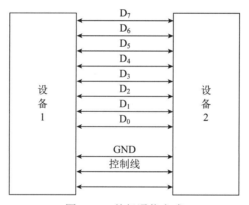

图 10-1　并行通信方式

串行通信将数据分成位的形式，在一条传输线上逐个传输，只需要两条数据线并接接入公共 GND 即可实现双向传输，如图 10-2 所示。其中，同步串行通信需要时钟线，而异步串行通信不需要时钟线。串行通信是在单片机系统中使用最为广泛的通信方式，它仅占用少量的 I/O 引脚，有利于降低成本，但缺点是传输速度较慢。

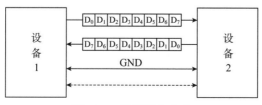

图 10-2　串行通信方式

10.1.2 单工、半双工和全双工数据传输

通信协议的工作模式可以分为单工数据传输、半双工数据传输和全双工数据传输。

1. 单工数据传输

单工数据传输只有一方能接收或发送信息，不能实现反向传输，如图 10-3 所示。

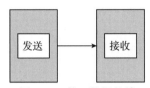

图 10-3　单工数据传输

2. 半双工数据传输

半双工数据传输允许数据在两个方向上传输，但是在同一时间，只允许数据在一个方向上传输，它实际上是一种可以切换方向的单工通信，在同一时间只可以有一方接收或发送信息，如图 10-4 所示。

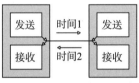

图 10-4　半双工数据传输

3. 全双工数据传输

全双工数据传输允许数据同时在两个方向上传输，在同一时间可以同时接收和发送信息，实现双向通信，如图 10-5 所示。

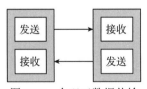

图 10-5　全双工数据传输

▶ 10.2　串口通信协议介绍

视频 10-2

串口是串行通信方式中的一种，在不同的物理层上可分为 UART 口、COM 口和 USB 口等，在电平标准上又可分为 TTL、RS232 和 RS485 等，本章主要介绍基于 TTL 电平标准的 UART。

通用异步串行收发器(universal asynchronous receiver/transmitter，UART)是单片机领域十分常用的通信协议，还有一种同步异步串行收发器(universal synchronous/asynchronous receiver/transmitter，USART)。USART 既可以进行同步通信，也可以进行异步通信，而UART 只能进行异步通信。

区分同步和异步通信的方式是根据通信过程中是否使用到时钟信号。在同步通信中，收发设备之间会通过单独的一根信号线表示时钟信号，并在时钟信号的驱动下同步数据，而异步通信不需要时钟信号进行数据同步。

10.2.1 UART 物理层

UART 是异步串行全双工通信协议，没有时钟线，收发数据只能一位一位地在各自的数据线上传输，一根发送数据线(TXD)，一根接收数据线(RXD)及公共地线(GND)。两个UART 设备的连接方式如图 10-6 所示。

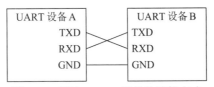

图 10-6　两个 UART 设备的连接方式

UART 一般采用 TTL 电平标准表示数据，即逻辑 1 用高电平表示，逻辑 0 用低电平表示。在 TTL 电平标准中，高/低电平为范围值。STC89 C52RC 芯片规定，电压低于 0.8V 为低电平，高于 2.0V 为高电平。不同种类的单片机对电平的电压范围有额外的规定，实际应用时需要参考芯片数据手册。

在两个设备之间，还需要使用公共的零电位参考点，以便计算出信号的压差，从而判断当前电平状态是高电平还是低电平，因此必须有参照的公共地线(GND)。但是，强行将两个独立供电设备的 GND 连在一起，有可能导致相互产生干扰等一系列的问题。因此工业上一般使用差分信号传输数据，如 RS232、RS485 等，而非采用 TTL 电平。

10.2.2 UART 数据帧格式

UART 数据按照一定的格式打包组成数据帧，单片机或计算机在物理层上以帧为单位进行传输。UART 的一帧数据由起始位、数据位、校验位、停止位和空闲位组成，如图10-7所示。其中，一个完整的UART数据帧必须有起始位、数据位和停止位，但是不一定有校验位和空闲位。

1. 起始位

起始位的长度为 1 位，起始位的逻辑电平为低电平。由于 UART 空闲状态时的电平为高电平，所以 UART 在每一个数据帧的开始，需要先发出一个逻辑 0，表示传输开始。

图 10-7　UART 数据帧格式

2. 数据位

数据位的长度通常为 8 位，也可以为 9 位，每个数据位的值可以为逻辑 0 也可以为逻辑 1，而且传输采用的是小端方式，即最低位(D0)在前，最高位(D7)在后。

3. 校验位

校验位可以配置为奇校验或偶校验。在奇校验模式下，如果数据位中的逻辑 1 是奇数个，则校验位为0；如果数据位中的逻辑1是偶数个，则校验位为1。在偶校验模式下，如果数据位中的逻辑 1 是奇数个，则校验位为 1；如果数据位中的逻辑 1 是偶数个，则校验位为 0。校验位不是必需项，可以将 UART 配置为没有校验位。

4. 停止位

停止位的长度可以是 1 位、1.5 位或 2 位，通常情况下停止位都是 1 位。停止位是一帧数据的结束标志，为高电平。

5. 空闲位

当数据传输完毕或当前没有数据传输时，线路上保持高电平。

10.2.3　UART 传输速率

UART 传输速率用波特率来表示，即每秒传送码元的个数，单位为 baud。由于 UART 使用 NRZ(non-return to zero，不归零)编码，所以 UART 的波特率即为每秒传输的二进制位数。在实际应用中，常用的 UART 波特率有 4800、9600、19200、38400、57600 和 115200 等。虽然波特率越高，数据传输速率越快，但是采用太高的波特率往往会造成串口通信的稳定性下降，更加容易导致电平状态采样不准确的问题，出现乱码现象。在需要保证数据稳定传输的场合，通常采用较低的波特率。

10.2.4　UART 通信实例

由于 UART 采用异步串行通信，没有时钟线，只有数据线。那么，收到一个 UART 原始波形，如何确定一帧数据呢？如何确定传输的是什么数据呢？下面以接收到的一个 UART 波形为例进行说明，假设 UART 波特率为 115200baud，数据位为 8 位，无奇偶校验位，停止位为 1 位。

第 1 步，在 RXD 引脚获取 UART 原始波形，如图 10-8 所示。

图 10-8　采集到的原始波形

第 2 步，如图 10-9 所示，按照波特率进行中值采样，每位的时间宽度为 1/115200s≈
8.68μs，将电平第一次由高到低的转换点作为基准点，即 0μs 时刻，在 4.34μs 时刻采样第
1 个点，在 13.02μs 时刻采样第 2 个点，依次类推，然后判断第 10 个采样点是否为高电
平。如果为高电平，则表示一帧数据采样完成。

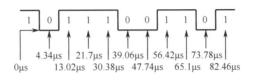

图 10-9　按照波特率进行中值采样

第 3 步，如图 10-10 所示，确定起始位、数据位和停止位，采样的第 1 个点即为起始
位，且起始位为低电平，采样的第 2 个点至第 9 个点为数据位，其中第 2 个点为数据最低
位，第 9 个点为数据最高位，第 10 个点为停止位，为高电平。最终，接收到的 1 字节数据
即可确定为 01100111。

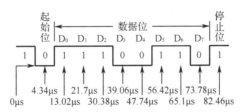

图 10-10　确定起始位、数据位和停止位

10.3　UART 电路原理图

视频 10-3

串口通信实例涉及的硬件主要为 USB 转串口模块电路，包括一个 Type-C 型 USB 接
口、一块 USB 转串口芯片 CH340N，如图 10-11 所示。Type-C 接口的 D+和 D-网络为数据
传输线(使用 USB 通信协议)，这两条线分别连接到 CH340N 芯片的 UD+和 UD-引脚。

CH340N 芯片可以实现 USB 通信协议和标准 UART 串行通信协议的转换。其中，TXD
引脚通过电阻 R_{33} 连接到 STC89 C52RC 芯片的 P3.0 引脚(RXD)，RXD 引脚通过电阻 R_{32} 连
接到 STC89 C52RC 芯片的 P3.1 引脚(TXD)。此外，两块芯片还需要共地。另外，CH340N
芯片上的 TXD 为数据输出引脚，如果没有限流电阻 R_{33}，则在电源开关断电时仍可能会有
电流从该引脚流入后级电路，存在不能彻底断电的问题。另外，R_{32} 和 R_{33} 也起到阻抗匹配
的作用，有利于减少信号的干扰。

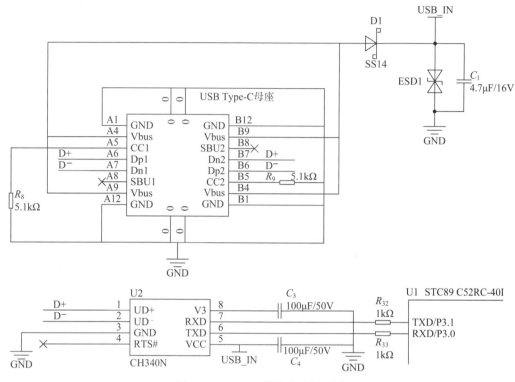

图 10-11　UART 模块电路原理图

视频 10-4

10.4　串口中断

　　串口中断的中断编号为 4，常用于处理数据接收操作。与串口中断相关的寄存器位有串口中断请求标志位、串口中断允许控制位及串口中断优先级控制位。

10.4.1　串口中断请求标志位

　　当串口满足接收或发送中断的触发条件时，将会由硬件对相应的标志位置位。串口中断请求标志相关寄存器如表 10-1 和表 10-2 所示。

表 10-1　串口中断请求标志相关寄存器

名称	描述	地址	位和名称							
			7	6	5	4	3	2	1	0
SCON	串口控制寄存器	0x98	SM0	SM1	SM2	REN	TB8	TR8	TI	RI

表 10-2　串口中断请求标志位的解释说明

寄存器	位	名称	描述
SCON	0	RI	串口接收中断请求标志位。 初始值为0。在工作模式0中，当数据接收结束时，由硬件置1。 在其他工作模式中，则在停止位开始接收时由硬件置1。 必须由软件清零
	1	TI	串口发送中断请求标志位。 初始值为0。在工作模式0中，当8位数据发送结束时，由硬件置1。 在其他工作模式中，则在停止位开始发送时由硬件置1。特殊情况时(SM2=1)参见表10-14。 必须由软件清零

注意：TI 位必须在数据发送完毕后清零。数据从接收缓冲寄存器取出后，必须使用软件清零 RI 位。

10.4.2　串口中断允许控制位

串口中断允许控制位决定 CPU 能否响应中断，相关寄存器如表 10-3 和表 10-4 所示。

表 10-3　串口中断允许相关寄存器

名称	描述	地址	位和符号							
			7	6	5	4	3	2	1	0
IE	中断允许寄存器	0xA8	EA	—	ET2	ES	ET1	EX1	ET0	EX0

表 10-4　串口中断允许控制位的解释说明

寄存器	位	名称	描述
IE	4	ES	串口中断允许控制位。 初始值为0，由软件置1或清零。 0：禁止串口中断； 1：允许串口中断

例如，通过以下代码打开串口中断允许。

```
ES = 1;
```

10.4.3　*串口中断优先级控制位

STC89 C52 系列微控制器具有 4 级优先级，其中与串口中断相关的寄存器和控制位如表 10-5 和表 10-6 所示。

注意：IPH 寄存器不可以进行位寻址操作。

表 10-5　串口中断优先级相关寄存器

名称	描述	地址	位和符号							
			7	6	5	4	3	2	1	0
IP	中断优先级控制寄存器	0xB8	—	—	PT2	PS	PT1	PX1	PT0	PX0
IPH	中断优先级控制寄存器(高位)	0xB7	PX3H	PX2H	PT2	PSH	PT1H	PX1H	PT0H	PX0H

表 10-6　串口中断优先级控制位的解释说明

寄存器	位	名称	描述
IP	4	PS	串口中断优先级控制位。 初始值为0，由软件置1或清零。 0：设置串口中断为低优先级； 1：设置串口中断为高优先级
IPH	4	PSH	串口中断优先级控制位(高位)。 初始值为0，由软件置1或清零。 与PS共同决定串口中断优先级

其中，部分优先级控制位组合如表 10-7 所示。

表 10-7　串口中断优先级控制位

PSH	PS	中断优先级
0	0	最低(优先级0)
0	1	较低(优先级1)
1	0	较高(优先级2)
1	1	最高(优先级3)

▶ 10.5　串口工作模式

视频 10-5

　　STC89 C52 系列微控制器内部集成一个全双工串口通信模块，设有相互独立的接收、发送缓冲器，可以同时发送和接收数据，具有 4 种工作模式，其工作模式控制相关寄存器如表 10-8 和表 10-9 所示。其中，PCON 寄存器不可以进行位寻址。

表 10-8　串口工作模式相关寄存器

名称	描述	地址	位和名称							
			7	6	5	4	3	2	1	0
SCON	串口控制寄存器	0x98	SM0	SM1	SM2	REN	TB8	TR8	TI	RI
PCON	电源管理寄存器	0x87	SMOD	SMOD0	—	POF	GF1	GF0	PD	IDL

表 10-9　串口工作模式控制位的解释说明

寄存器	位/位域	名称	描述
SCON	4	REN	串口通信接收允许位。 初始值为0，由软件置1或清零。 0：禁止串口接收； 1：允许串口接收
	5	SM2	多机通信控制位，主要用于工作模式2和工作模式3，较少使用
	7:6	SM0、SM1	串口工作模式选择位。 初始值为0，由软件置1或清零
PCON	7	SMOD	串口波特率选择位。 初始值为0，由软件置1或清零。 0：串口通信波特率不加倍； 1：串口通信模式1、2、3波特率加倍

串行通信共有4种工作模式，不同SM0和SM1取值对应的工作模式如表10-10所示。

表 10-10　SM0 和 SM1 取值与工作模式

SM0	SM1	工作模式	功能
0	0	0	8位同步移位寄存器
0	1	1	10位帧格式UART，波特率可变
1	0	2	11位帧格式UART，波特率固定
1	1	3	11位帧格式UART，波特率可变

10.5.1　*工作模式 0

当 SCON 寄存器中的 SM0、SM1 位值为 00 时，串口设置为工作模式 0。工作模式 0 的功能为 8 位同步移位寄存器。串行数据从 RXD 端输入或输出，并在 TXD 端送出。工作模式 0 主要用于扩展 I/O 引脚，具体内容及设置方法可参阅芯片用户手册 8.2.1 节。

10.5.2　工作模式 1

当 SCON 寄存器中的 SM0、SM1 位值为 01 时，串口设置为工作模式 1，是最常用的工作模式。该模式为 10 位帧格式 UART，即一帧数据共有 10 位，包含 1 位起始位，8 位数据位及 1 位停止位，如图 10-12 所示。

图 10-12　10 位 UART 字符帧格式

1. 波特率

波特率仅能由 STC89 C52RC 芯片上的 T1(定时器/计数器 1)或 T2(定时器/计数器 2)提供。本章仅介绍使用 T1 产生波特率的方法，使用 T2 产生波特率的方法可参阅用户手册 7.2.3 节。

在工作模式 1 下，波特率由 T1 溢出率和 SMOD 位取值共同决定。

$$波特率 = \frac{2^{SMOD}}{32} \times T1溢出率$$

其中，SMOD 位为串口波特率选择位，取值为 0 时，$2^{SMOD}=0$，波特率不加倍；取值为 1 时，$2^{SMOD}=2$，波特率加倍。溢出率为定时时间的倒数，计算方法如下。

$$T1溢出率 = \frac{f_{osc}}{12 \times (256 - TH1)}$$

其中，f_{osc} 为晶振频率，在 51 核心板上为 12MHz。假设目标波特率为 4800，SMOD 位取值为 1，则将目标波特率代入上式，求出 TH1 的值为 242.97，向上取整后得 243，转换为十六进制为 0xF3。可通过以下代码设置串口为工作模式 1，并且设置波特率为 4800。

```
SCON = 0x50;        //设置串口为工作模式1,并打开接收允许
TMOD = 0x20;        //设置定时器1为工作模式2(8位自动重装载定时器)
PCON = 0x80;        //设置波特率加倍
TL1  = 0xF3;        //设置定时器1 计数初值,波特率为4800
TH1  = TL1;         //设置定时器1 重装载值
TR1  = 1;           //打开计数器1
```

由于计算过程中涉及取整操作，所以实际波特率与 4800 存在偏差。在串口通信过程中，常用的波特率有 2400、4800、9600 等，但由于受微控制器的主频影响，数据传输过程中的波特率实际值与理论值有偏差。在 12MHz 晶振下，计数初值与波特率误差如表 10-11 所示。误差范围在 1%内仍然能正确接收数据。

表 10-11　12MHz 晶振下的计数初值与波特率误差

计数初值	实际波特率/baud	最接近的标准波特率/baud	误差
0xCC	1201.92	1200.00	0.16%
0xE6	2403.85	2400.00	0.16%
0xF3	4807.69	4800.00	0.16%
0xFA	10416.67	9600.00	8.51%
0xFD	20833.33	19200.00	8.51%
0xFF	62500.00	62500.00	0

在 51 单片机系统设计中，为了减少串口波特率误差，会采用频率为 11.0592MHz 的晶振，计数初值与波特率误差如表 10-12 所示。

表 10-12　11.0592MHz 晶振下的计数初值与波特率误差

计数初值	实际波特率/baud	最接近的标准波特率/baud	误差
0xE8	1200.00	1200.00	0
0xF4	2400.00	2400.00	0
0xFA	4800.00	4800.00	0
0xFD	9600.00	9600.00	0
0xFE	14400.00	14400.00	0
0xFF	28800.00	28800.00	0

2. 数据接收

与串口接收操作相关的寄存器为 SBUF，其地址为 0x99。接收缓冲寄存器和发送缓冲寄存器在物理上是两个寄存器，但在逻辑上是一个寄存器。其中，接收缓冲寄存器只能写入而不能读出，发送缓冲寄存器只能读出而不能写入，两个缓冲寄存器可以共用一个地址 0x99。

读取数据的方法有两种：查询法和中断法。查询法是指在程序中不断查询 RI 位是否置位，不需要打开串口中断允许和总中断允许。查询法会消耗大量的 CPU 资源，而且实时性较低，有可能造成数据丢失，因此一般不使用查询法。

```
if ( 1 == RI )          //当接收中断请求标志位被置位
{
  Buffer = SBUF;        //将数据从接收缓冲寄存器中取出
  RI = 0;               //清除接收中断请求位
}
```

相比于查询法，中断法更为高效，也是最常用的方法。使用中断法接收数据时，首先需要打开串口中断允许及总中断允许。假设定义了字符型缓冲变量 buffer，当接收到数据时，RI 位将会被置位，触发串口中断，并在串口中断服务中，将数据从接收缓冲器中取出，例如：

```
void UART_Handler() interrupt 4
{
    if( 1== RI )                   //当接收中断请求标志位被置位
    {
        buffer = SBUF;             //将数据从串口数据缓冲寄存器中取出
        RI = 0;                    //清除接收中断标志位
        ……
    }
}
```

上述代码仅能接收单个字符。如果需要接收多个字符，则可以利用缓冲数组、指针或队列等多种方法实现。此处以缓冲数组为例，假设定义了字符数组 arrBuffer，则多个字符接收代码如下。

```
void UART_Handler() interrupt 4
{
    static unsigned char s_iCounter=0;  //定义计数变量
    if(1 == RI)
    {
        arrBuffer[s_iCounter] = SBUF
        RI = 0;
        if(arrBuffer[s_iCounter]>='0' && arrBuffer[s_iCounter]<='z')
        {
            s_iCounter ++;
        }
        ……
    }
}
```

3. 数据发送

当单片机执行一条写入SBUF寄存器的指令后，串口就会启动发送，此时利用TI位判断数据是否发送完毕，代码如下。

```
SBUF = temp;
while(!TI)
{

}
TI = 0;
```

若要发送多个字符，则循环执行上述语句即可，例如：

```
unsigned char arrString[]="Hello world ";  //定义需要发送的字符串
unsigned char i;                            //定义循环变量
for(i=0;i<=12;i++)                          //发送arrString中的每个字符
{
  SBUF = arrString[i];
  while(!TI)
  {

  }
  TI = 0;
}
```

10.5.3 *工作模式 2

当 SCON 寄存器中的 SM0、SM1 位值为 10 时，串口设置为工作模式 2。该模式为 11 位帧格式 UART，即一帧信息共有 11 位，包含 1 位起始位、8 位数据位、1 位可编程位及 1 位停止位，如图 10-13 所示。

图 10-13　11 位 UART 字符帧格式

其中，可编程位既可以用作奇偶校验位，也可以用作多机通信中的地址数据标志位。可编程位的内容存储在 SCON 寄存器中的 TB8 或 RB8 位，如表 10-13 和表 10-14 所示。

表 10-13　串口工作模式 2 相关寄存器

名称	描述	地址	位和名称							
			7	6	5	4	3	2	1	0
SCON	串口控制寄存器	0x98	SM0	SM1	SM2	REN	TB8	RB8	TI	RI

表 10-14　串口工作模式 2 相关寄存器位的解释说明

寄存器	位	名称	描述
SCON	5	SM2	多机通信控制位，用于工作模式 2 和工作模式 3。 在工作模式 2 或工作模式 3 中，若 SM2=1，则当 RB8 为 0 时，不置位 RI。当 RB8 为 1 时，置位 RI，并将接收到的前 8 位数据

(续表)

寄存器	位	名称	描述
SCON	2	RB8	在工作模式2或工作模式3中，为接收到的第9位数据。 在工作模式1中，若SM2=0，则RB8为接收到的停止位
	3	TB8	在工作模式2或工作模式3中，为需要发送的第9位数据
	5	SM2	存至 SBUF。若 SM2=0，则 TI、RI 置位与 RB8 无关。 在工作模式1中，若SM2=1，则只有在接收到有效的停止位时才置位 RI。若 SM2=0，则在接收到停止位的中间时刻置位 RI。 在工作模式 0 中，SM2 应为 0

1. 波特率

在此工作模式下，波特率由 SMOD 位决定。当 SMOD 位为 1 时，波特率为 $f_{osc}/32$，在 51 核心板上即为 375000；当 SMOD 位为 0 时，波特率为 $f_{osc}/64$，在 51 核心板上即为 187500。

2. 数据接收

当接收到一帧数据后，如果此时 SCON 寄存器中的 RI=0 且 SM2=0，则将 8 位数据存放至数据接收缓存器(SBUF)中，第 9 位数据存放至 SCON 寄存器中的 RB8 位中。假设定义了一个字符型变量 buffer1，定义了位类型变量 buffer2，则使用中断法接收数据的代码如下。

```
void UART_Handler() interrupt 4
{
  if( 1 == RI)
  {
    buffer1 = SBUF;        //将数据前 8 位从串口接收缓冲寄存器中取出
    buffer2 = RB8;         //将数据第 9 位从 SCON 寄存器的 RB8 位中取出
    RI = 0;                //清除接收中断标志位
    ......
  }
}
```

3. 数据发送

以发送一个 char 类型的变量 num1 为例，首先将需要发送的数据写入 SBUF 寄存器中，并将 bit 类型的变量 num2 放进 TB8 位中。当 SBUF 中的数据发送完毕后，再发送位于 TB8 中的数据，代码如下。

```
SBUF = num1;           //写入需要发送的数据
TB8 = num2;            //写入需要发送的可编程位
```

```
while(!TI)
{

}
TI = 0;
```

10.5.4 *工作模式 3

当 SCON 寄存器中的 SM0、SM1 位值为 11 时，串口设置为工作模式 3。工作模式 3 与工作模式 2 的区别在于工作模式 3 能够改变波特率。

1. 波特率

波特率设置方法与工作模式 1 一致，这里不再赘述。

2. 数据接收与数据发送

数据接收与发送的方法与工作模式 2 一致，这里不再赘述。

视频 10-6

10.6 实例与代码解析

在本章实例中，首先要学习串口通信的协议和 STC89 C52RC 芯片的串口工作模式，掌握串口相关寄存器，编写程序实现 51 核心板与计算机之间的串口通信。

在本实例中，基于 51 核心板，编写程序通过串口实现数据的自收自发。编程要点如下。

(1) 初始化串口中断。

(2) 配置串口相关寄存器。

(3) 根据波特率计算 TH1 与 TL1 的初值。

(4) 在串口中断服务函数中，使用缓冲变量取出位于接收缓冲寄存器(SBUF)中的数据，并将其中的内容放入发送缓冲寄存器(SBUF)中，实现串口数据的自收自发。

串口通信实例的程序设计流程如图 10-14 所示。

本实例的实现步骤如下。

1. 包含头文件

在新建的 main.c 文件中，添加包含头文件代码，如程序清单 10-1 所示。

程序清单 10-1

```
#include <reg52.h>
```

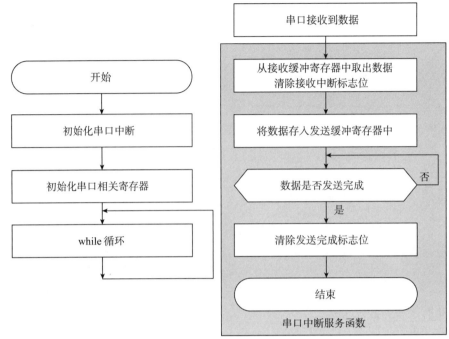

图 10-14 串口通信实例的程序设计流程

2. 编写串口配置函数

串口配置涉及串口、定时器相关的寄存器，配置代码如程序清单 10-2 所示。

程序清单 10-2

```
1.    static void InitUART()
2.    {
3.      SCON = 0x50;        //设置串口为工作模式1,并打开接收允许
4.      TMOD = 0x20;        //设置定时器1为工作模式2(8位自动重装载定时器)
5.      PCON = 0x80;        //设置波特率加倍
6.      TL1  = 0xF3;        //设置定时器1计数初值,波特率为4800
7.      TH1 = TL1;          //设置定时器1重装载值,等于计数初值
8.      TR1  = 1;           //打开定时器1
9.    }
```

(1) 第 3 行代码：将 SCON 寄存器中的 SM0、SM1 位设置为 01，将串口设置为工作模式 1，并且将 REN 位置 1，打开接收允许。

(2) 第 4 行代码：将 TMOD 寄存器中的 M1、M0 位设置为 10，GATE 和 C/ $\overline{\text{T}}$ 位均保持为 0，让定时器 1 运行在工作模式 2，即 8 位自动重装载定时器。

(3) 第 5 行代码：将 PCON 寄存器中的 SMOD 位置 1，使波特率加倍。

(4) 第 6 和第 7 行代码：设置定时器 1 的计数初值与重装载值。

(5) 第 8 行代码：打开定时器 1，使其开始运行。

3. 编写中断配置函数

本实例涉及串口中断，需要打开串口中断允许及总中断允许，如程序清单 10-3 所示。

程序清单 10-3

```
1.   static void InitInterrupt()
2.   {
3.      ES = 1;                    //打开串口接收中断允许
4.      EA = 1;                    //打开总中断允许
5.   }
```

4. 编写主函数

在主函数中调用 InitInterrupt 和 InitUART 函数后，让程序进入 while 循环，如程序清单 10-4 所示。

程序清单 10-4

```
1.   void main()
2.   {
3.      InitInterrupt();     //初始化中断
4.      InitUART();          //初始化串口
5.      while (1)
6.      {
7.
8.      }
9.   }
```

5. 编写中断服务函数

完成上述步骤后，在主函数之后编写如程序清单 10-5 所示的串口中断服务函数。

程序清单 10-5

```
1.   void UART_Handler() interrupt 4
2.   {
3.      static unsigned char s_iBuffer;     //定义缓冲变量
4.      s_iBuffer = SBUF;                   //将数据从寄存器中取出
5.      RI = 0;                             //清除接收中断标志位
6.
7.      SBUF = s_iBuffer;                   //将数据放入寄存器中
8.      while(!TI)                          //等待发送数据完成
9.      {
10.
11.     }
12.     TI = 0;                             //清除发送中断请求标志位
13.  }
```

(1) 第 3 行代码：定义缓冲变量 s_iBuffer，用于存放接收到的数据。

(2) 第 4 行代码：将数据从接收缓冲寄存器中取出。

(3) 第 5 行代码：软件清零接收中断标志位，每次数据接收完成后必须清零。

(4) 第 7 行代码：将接收到的数据写入发送缓冲寄存器中。

(5) 第 8 行代码：查询发送中断请求标志位是否由硬件自动置位，若未置位则继续等待，确保数据能够完整发送。

(6) 第 12 行代码：软件清零发送中断标志位，每次数据发送完成后必须清零。

将上述代码在 Keil 中编辑并编译，使用 STC-ISP 软件将 Keil 生成的.hex 文件下载至 51 核心板后，单击 STC-ISP 软件的"串口助手"按钮，如图 10-15 所示。首先设置串口，在"串口"下拉列表中选择对应的串口号，并设置波特率为 4800。最后单击"打开串口"按钮，即可建立计算机与 51 核心板之间的串口通信。

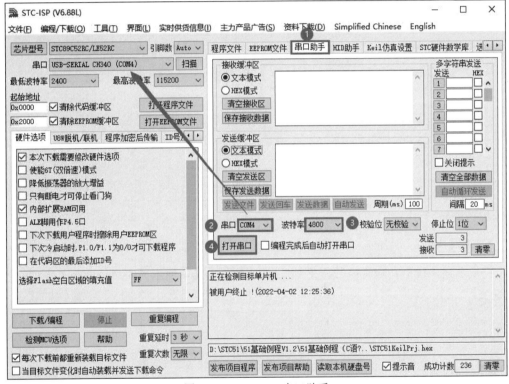

图 10-15　STC-ISP 串口助手

串口打开后，首先在"接收缓冲区"和"发送缓冲区"选项组中选中"文本模式"单选按钮，并在发送文本框中输入需要发送的内容。最后，单击"发送数据"按钮，串口助手即可发送数据。51 核心板接收到数据后，将向计算机发送相同的数据，串口助手接收完毕后将在"接收缓冲区"选项组的列表框中显示，如图 10-16 所示。

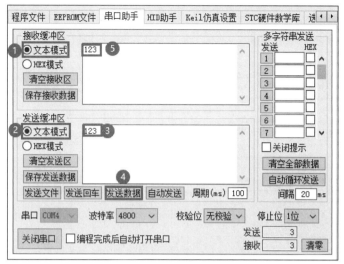

图 10-16　串口助手发送和接收

下面介绍串口助手中的"文本模式"和"HEX 模式"。单片机存储或表示英文字母和各类标点符号时，需要借助一种通用的字节数据与字符之间的转换关系，即 ASCII 码。ASCII(American Standard Code for Information Interchange，美国信息交换标准码)是基于拉丁字母的一套计算机编码系统，主要用于显示现代英语和其他西欧语言，它是现今通用的计算机编码系统。ASCII 码表如表 10-15 所示。

表 10-15　ASCII 码表

ASCII 值	控制字符	ASCII 值	控制字符	ASCII 值	控制字符	ASCII 值	控制字符
0	NUL	16	DLE	32	(space)	48	0
1	SOH	17	DC1	33	!	49	1
2	STX	18	DC2	34	"	50	2
3	ETX	19	DC3	35	#	51	3
4	EOT	20	DC4	36	$	52	4
5	ENQ	21	NAK	37	%	53	5
6	ACK	22	SYN	38	&	54	6
7	BEL	23	ETB	39	'	55	7
8	BS	24	CAN	40	(	56	8
9	HT	25	EM	41	)	57	9
10	LF	26	SUB	42	*	58	:
11	VT	27	ESC	43	+	59	;
12	FF	28	FS	44	,	60	<
13	CR	29	GS	45	-	61	=
14	SO	30	RS	46	.	62	>
15	SI	31	US	47	/	63	?

ASCII 值	控制字符	ASCII 值	控制字符	ASCII 值	控制字符	ASCII 值	控制字符
64	@	80	P	96	`	112	p
65	A	81	Q	97	a	113	q
66	B	82	R	98	b	114	r
67	C	83	S	99	c	115	s
68	D	84	T	100	d	116	t
69	E	85	U	101	e	117	u
70	F	86	V	102	f	118	v
71	G	87	W	103	g	119	w
72	H	88	X	104	h	120	x
73	I	89	Y	105	i	121	y
74	J	90	Z	106	j	122	z
75	K	91	[	107	k	123	{
76	L	92	\	108	l	124	|
77	M	93	]	109	m	125	}
78	N	94	^	110	n	126	～
79	O	95	_	111	o	127	DEL

　　本质上，串口数据传输都是以二进制的形式进行的。在"接收缓冲区"选项组中，有两种模式可供选择，可以理解为数据显示模式。其中，"HEX 模式"将接收到的二进制数据转换为十六进制，而"文本模式"则将这些二进制数据转换为对应的 ASCII 字符。在"发送缓冲区"选项组中，也有两种模式可供选择，可以理解为数据转换模式。其中，"HEX 模式"默认发送区的内容都为十六进制，串口助手将这些数据转换为二进制后通过串口发送。"文本模式"则默认发送区的内容都为字符，串口助手将这些字符转换为二进制 ASCII 值后通过串口发送。

　　因此，图 10-16 中的发送与接收结果"123"并不是真实的数字，而是单独发送了 ASCII 值为 49 的字符"1"，ASCII 值为 50 的字符"2"及 ASCII 值为 51 的字符"3"，在"接收缓冲区"选项组中显示的字符也是经 ASCII 值转换后的结果。

　　在一般情况下，"接收缓冲区"和"发送缓冲区"都会选用相同的模式。如果将串口助手的"接收缓冲区"和"发送缓冲区"设置为不同的模式，如将串口助手的发送模式设为"HEX 模式"，将接收模式设为"文本模式"，如图 10-17 所示，发送十六进制数 0x41(对应十进制为 65)，将会在"接收缓冲区"收到 ASCII 值为 65 的对应的字母"A"。

　　如果将串口助手的发送模式设为"文本模式"，将接收模式设为"HEX 模式"，如图 10-18 所示。发送字符"a"(对应 ASCII 值为 97)，将会在"接收缓冲区"收到对应的十六进制数 0x61。

图 10-17　串口助手 HEX 模式发送

图 10-18　串口助手文本模式发送

思考题

1. 什么是串行通信？它和并行通信有什么不同？
2. UART 字符帧由哪些部分组成？它们的作用分别是什么？
3. 51 单片机上的串口功能有几种工作模式？简述各种工作模式的功能。

应用实践

1. 采用按键发送一串字符至串口助手。要求：每次按下 KEY1 后，能够发送"Hello World"至串口助手。

2. 使用串口助手控制 51 核心板上的硬件。要求：能够使用数字"1""2""3"和"4"命令控制 LED1、LED2、LED3 和 LED4 的点亮或熄灭。

3. 在任务 1 的基础上，尝试使用"LED1""LED2""LED3"和"LED4"等类似的字符串命令控制 LED1、LED2、LED3 和 LED4 的点亮或熄灭。

4. 在任务 3 的基础上，通过串口助手发送 4 位数字，并且能在数码管上显示。

5. 某些型号的单片机中没有串口功能，需要采用软件模拟串口。将 51 核心板上的 P3.0 和 P3.1 引脚用作普通 I/O 引脚，在不调用 51 核心板上硬件串口功能的前提下，能够实现与本章实例类似的串口收发功能。任务提示：根据串口通信的帧格式，在波特率规定的时间内，通过控制 I/O 引脚的高低电平状态，实现起始位、数据位及停止位，并使用较低的波特率如 2400、4800，确保数据能够正确地收发。

第11章

看 门 狗

单片机系统在工作时常常会受到来自外界的干扰(如电磁场)，有时会出现死机现象，甚至让整个系统陷入瘫痪状态。出现这种情况时，单片机系统中的看门狗模块就会强制对整个系统进行复位，使程序恢复到正常运行状态。看门狗的意义在于，让死机后的单片机复位，使其尽快恢复工作，增强单片机系统的可靠性。

- ❖ 复位方法
- ❖ 看门狗相关寄存器
- ❖ 看门狗溢出时间
- ❖ 看门狗喂狗操作
- ❖ 实例与代码解析

视频 11-1

11.1 复位方法

STC89 C52 系列微控制器有 4 种复位方法：外部 RST 引脚复位、软件复位、通电/关电复位、看门狗复位。

11.1.1 外部 RST 引脚复位

对 RST 引脚施加两个机器周期以上的高电平信号后，再恢复为低电平，即可对单片机进行复位。51 核心板上的复位按键即利用了外部 RST 引脚复位方法。

11.1.2 软件复位

单片机在正常运行程序的过程中，可以通过修改 ISP 控制寄存器中的值，实现单片机系统软件复位。

其中，与软件复位相关的寄存器和控制位分别如表 11-1 和表 11-2 所示。

表 11-1　软件复位相关寄存器

名称	描述	地址	位和符号							
			7	6	5	4	3	2	1	0
ISP_CONTR	ISP-IAP 控制寄存器	0xE7	ISPEN	SWBS	SWRST	—	—	WT2	WT1	WT0

表 11-2　软件复位相关寄存器位的解释说明

寄存器	位	名称	描述
ISP_CONTR	5	SWRST	软件复位使能位。初始值为0，由软件置1，硬件清零。0：无操作；1：执行软件复位
	6	SWBS	软件复位后启动程序区选择位。初始值为0，由软件置1，硬件清零。0：软件复位后从用户程序区启动；1：软件复位后从ISP程序区启动

ISP 控制寄存器没有在 reg52.h 头文件中定义，因此需要使用以下代码来定义该寄存器，然后其才能在程序中调用。

```
sfr ISP_CONTR = 0xE7;
```

如果软件复位后不需要启动 ISP 程序，则对 ISP_CONTR 寄存器中的 SWRST 位写"1"，这样即可实现软件复位，代码如下。

```
ISP_CONTR |= 0x20;      //执行软件复位
```

11.1.3　通电/关电复位

当单片机的供电电压低于门槛值，不足以支持单片机正常工作时，单片机内部所有的逻辑电路都会被复位，并在电压恢复后自动进行复位操作。

11.1.4　看门狗复位

看门狗实际上是一个定时器，因此也称为看门狗定时器，一般有一个输入操作，称为"喂狗"。单片机正常工作时，每隔一段时间喂一次狗。但如果单片机死机，超过规定时间不喂狗，看门狗定时器就会超时溢出，强制对单片机进行复位。本章对看门狗的相关寄存器及配置方法进行介绍。

11.2　看门狗相关寄存器

视频 11-2

STC89 C52系列微控制器的内部看门狗功能由看门狗控制寄存器控制，其寄存器和控制位分别如表 11-3 和表 11-4 所示。

表 11-3　看门狗控制寄存器

名称	描述	地址	位和符号							
			7	6	5	4	3	2	1	0
WDT_CONTR	看门狗控制寄存器	0xE1	—	—	EN_WDT	CLR_WDT	IDLE_WDT	PS2	PS1	PS0

表 11-4　看门狗控制寄存器位的解释说明

寄存器	位/位域	名称	描述
WDT_CONTR	5	EN_WDT	看门狗允许位。初始值为0，由软件置1或清零。0: 禁用看门狗；1: 启用看门狗
	4	CLR_WDT	看门狗清零位。初始值为0，由软件置1，硬件清零。1: 看门狗重新计时，即"喂狗"操作

(续表)

寄存器	位/位域	名称	描述
WDT_CONTR	3	IDLE_WDT	看门狗空闲模式位。 初始值为0，由软件置1或清零。 1：看门狗定时器在空闲模式时仍然计数； 0：看门狗定时器在空闲模式时不计数
	2:0	PS2～PS0	看门狗定时器预分频值设置位

其中，IDLE_WDT 位用于控制看门狗在单片机空闲模式下的工作状态，但本书暂未涉及空闲模式相关知识，因此将该位保持为 0 即可。

注意：看门狗控制寄存器没有在 reg52.h 头文件中定义，因此需要使用以下代码定义该寄存器，然后其才能在程序中调用。

```
sfr WDT_CONTR = 0xE1;
```

11.3 看门狗溢出时间

视频 11-3

看门狗本质上也是一种定时器，当看门狗允许位被置位时，看门狗定时器即开始运行。如果在溢出时间内没有进行喂狗操作，看门狗将会在到达溢出时间后对系统进行复位。看门狗溢出时间的计算方法如下。

$$看门狗溢出时间 = \frac{12 \times 预分频系数 \times 32768}{f_{osc}}$$

其中，32768 转换成十六进制为 0x8000，相当于 15 位计数器的最大计数值加 1，计数器计数到该值时产生溢出。f_{osc} 为晶振频率，51 核心板上的晶振频率为 12MHz，预分频系数由 WDT_CONTR 寄存器中的 PS2、PS1 与 PS0 位设置，对应的看门狗溢出时间如表 11-5 所示。

表 11-5 预分频系数与看门狗溢出时间

PS2	PS1	PS0	预分频系数	看门狗溢出时间/ms
0	0	0	2	65.5
0	0	1	4	131
0	1	0	8	262.1
0	1	1	16	524.2
1	0	0	32	1048.5
1	0	1	64	2097.1
1	1	0	128	4194.3
1	1	1	256	8338.6

例如，通过以下代码启用看门狗并设置溢出时间为 524.2ms。

```
WDT_CONTR = 0x33;
```

视频 11-4

11.4 看门狗喂狗操作

喂狗操作是指置位看门狗清零位，即将 CLR_WDT 置位为 1，此时看门狗定时器将重新开始计数。由于看门狗控制寄存器不支持按位操作，所以需要对 WDT_CONTR 寄存器进行字节操作。CLR_WDT 为 WDT_CONTR 寄存器的第 4 位，同时为了避免对该寄存器的其他位造成影响，需要将其与 0001 0000B 进行逻辑或，转换为十六进制为 0x10，代码如下。

```
WDT_CONTR = WDT_CONTR | 0x10;
```

也可以简写成以下形式。

```
WDT_CONTR |= 0x10;
```

注意：看门狗喂狗操作不能在定时器中断中进行。当单片机死机时，定时器可能仍在正常工作，如果在定时器中断服务函数中喂狗，则此时看门狗失去了作用。

11.5 实例与代码解析

视频 11-5

在本实例中，基于51核心板，以流水灯实例为基础，编写独立看门狗驱动程序。在程序正常执行的过程中，每间隔一定的时间执行一次喂狗操作。使用外部中断 0 模拟程序卡机，令单片机进入长时间的延时，导致其不能按时执行喂狗操作而强制复位。编程要点如下。

(1) 定义看门狗控制寄存器。

(2) 置位看门狗允许位。

(3) 开启外部中断 0 的中断允许。

(4) 在流水灯实例的基础上，加入喂狗操作。

(5) 在中断服务函数中，采用较长延时模拟单片机死机状况。

看门狗实例的程序设计流程如图 11-1 所示。

本实例的实现步骤如下。

1. 包含头文件

在新建的 main.c 文件中，添加包含头文件代码，如程序清单 11-1 所示。

程序清单 11-1

```
#include <reg52.h>
```

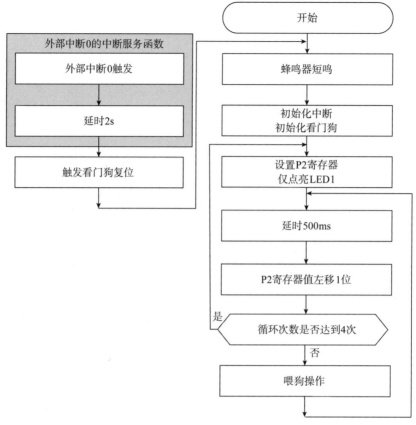

图 11-1　看门狗实例的程序设计流程

2. 位定义蜂鸣器

本实例涉及蜂鸣器，位定义代码如程序清单 11-2 所示。

程序清单 11-2

```
sbit BEEP= P1^0;  //定义蜂鸣器
```

3. 定义看门狗控制寄存器

看门狗控制寄存器没有在 reg52.h 头文件中定义，因此需要定义该寄存器，如程序清单 11-3 所示。

程序清单 11-3

```
sfr WDT_CONTR = 0xE1;  //定义看门狗寄存器
```

4. 编写延时函数

本实例中实现 LED 流水灯时需要用到延时函数，因此需要编写如程序清单 11-4 所示的延时函数。

程序清单 11-4

```
1.   static void DelayNms(int nms)
```

```
2.    {
3.      unsigned int i,j;
4.      for(i = 0; i < nms; i++)
5.      {
6.          for(j = 0; j < 123; j++)
7.          {
8.
9.          }
10.     }
11.   }
```

5. 编写中断配置函数

本实例涉及外部中断 0，配置相关中断的代码，如程序清单 11-5 所示。

程序清单 11-5

```
1.    static void InitInterrupt()
2.    {
3.       IT0 = 1;        //设置外部中断 0 的触发方式为下降沿触发
4.       EX0 = 1;        //打开外部中断 0 的中断允许
5.       EA  = 1;        //打开总中断允许
6.    }
```

6. 编写主函数

主函数代码如程序清单 11-6 所示。在流水灯实例的基础上，添加了初始化中断及看门狗初始化代码，第 19 行代码的作用为执行喂狗操作。

程序清单 11-6

```
1.    void main()
2.    {
3.      unsigned char i;      //定义循环计数变量 i
4.
5.      BEEP = 0;             //打开蜂鸣器
6.      DelayNms(100);        //延时 100ms,让蜂鸣器短暂鸣叫
7.      BEEP = 1;             //关闭蜂鸣器
8.
9.      InitInterrupt();      //初始化中断
10.     WDT_CONTR = 0x33;     //设置看门狗溢出时间为 524.2ms
11.     while (1)
12.     {
13.       //流水灯
```

14.	P2 = 0xEF;	//点亮 LED1
15.	for(i = 0; i < 4; i++)	
16.	{	
17.	DelayNms(500);	//延时 500ms
18.	P2 =P2 << 1;	//左移一位
19.	WDT_CONTR |= 0x10;	//喂狗操作
20.	}	
21.	}	
22.	}	

7. 编写中断服务函数

完成上述步骤后，编写外部中断 0 的中断服务函数，延时 2s 模拟单片机因外部干扰而出现的死机状况，如程序清单 11-7 所示。

程序清单 11-7

1.	void External0_Handler() interrupt 0	
2.	{	
3.	DelayNms(2000);	//模拟单片机因外部干扰而出现的死机状况
4.	}	

将上述代码在 Keil 中编辑并编译，使用 STC-ISP 软件将 Keil 生成的.hex 文件下载至 51 核心板后，即可听到蜂鸣器短暂鸣叫，且 LED1～LED4 依次循环亮起。当按下 KEY1 按键后，51 核心板在看门狗的作用下复位，此时蜂鸣器短鸣，LED1 亮起，恢复到最初的流水灯状态，如图 11-2 所示。

图 11-2 看门狗实例现象

思考题

1. STC89 C52RC 芯片有哪些复位方式？
2. 简述看门狗的作用。
3. 什么是看门狗的喂狗操作？

▶ 应用实践

1. 编写程序，利用 KEY1 按键执行软件复位操作。要求：在流水灯实例的基础上，按下 KEY1 按键时 51 核心板软件复位，实现与复位按键类似的效果。

2. 使用 KEY1 按键手动执行喂狗操作。要求：在流水灯实例的基础上，需要不断地按下 KEY1 按键喂狗，此时流水灯程序正常运行。当 KEY1 按键没有被按下时，要求 51 核心板能在短时间内自动复位。

第12章

内部Flash读写

在单片机实际应用中，常常需要记录一些数据，如路由器配置信息、电视机内频道记忆等。然而，存储在 RAM 中的数据会在断电时丢失。在一般的单片机系统中，为了在断电时保存数据，需要外接一个独立的存储器芯片(如 EEPROM 芯片)，并且通过通信协议(如 I^2C、SPI 协议等)进行数据传输，这样做无疑会增加成本。STC89 C52 系列微控制器能够通过 IAP 功能在程序中对 Flash 进行读取或擦写操作，无须外接芯片也可以实现数据的断电存储。采用 IAP 功能读写 Flash 实现数据存取不仅能降低成本，读写速度也更快。

◇ ISP 与 IAP

◇ 内部 Flash 存储结构

◇ IAP 读写与擦除 Flash 的方法

◇ Flash 读写注意事项

◇ 实例与代码解析

12.1 ISP 与 IAP

51 单片机编程方式根据代码下载的方法不同可以分为两种，分别是在系统中编程(in system programming，ISP)和在程序中编程(in application programming，IAP)。

使用 STC-ISP 软件下载程序的编程方式，称为 ISP。STC89 C52 系列微控制器在断电后再次通电时(也称冷启动)，会自动执行存储在 Flash 中内置的一段程序(称为 BootLoader 程序)。不同的单片机厂商的 ISP 程序会存在差异，以 STC89 C52 系列单片机为例，只要 STC89 C52 系列微控制器在冷启动时串口上收到连续的 0x7F，就会进入 ISP 模式，通过串口接收到的数据改写用户程序区，实现程序下载功能。因此，在 STC89 C52 系列微控制器下载程序时，通常需要先单击 STC-ISP 软件中的"下载/编程"按钮，再打开电源。

而在程序中编写程序的编程方式，称为 IAP。通过程序修改相关寄存器的值，并且写入相应的命令，即可触发 IAP 模式，实现对 Flash 的读写操作。

12.2 内部 Flash 存储结构

STC89 C52RC 芯片内部的 Flash 可分为程序区和 EEPROM 区，如图 12-1 所示。其中，8KB 大小的程序区的地址范围为 0x0000～0x1FFF，不允许在程序中写入或擦除；4KB 大小的 EEPROM 区的地址范围为 0x2000～0x2FFF，允许在程序中读写和擦除。

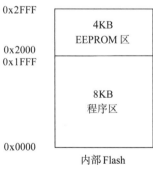

图 12-1　内部 Flash 编址

其中，EEPROM 区可分为 8 个扇区，每个扇区包含 512 字节，其起始地址与结束地址如表 12-1 所示。

表 12-1　EEPROM 扇区的起始地址与结束地址

第一扇区		第二扇区		第三扇区		第四扇区	
起始地址	结束地址	起始地址	结束地址	起始地址	结束地址	起始地址	结束地址
0x2000	0x21FF	0x2200	0x23FF	0x2400	0x25FF	0x2600	0x27FF

(续表)

第五扇区		第六扇区		第七扇区		第八扇区	
起始地址	结束地址	起始地址	结束地址	起始地址	结束地址	起始地址	结束地址
0x2800	0x29FF	0x2A00	0x2BFF	0x2C00	0x2DFF	0x2E00	0x2FFF

视频 12-3

12.3 IAP 读写与擦除 Flash 的方法

在程序运行的过程中，Flash 内的数据都是不能随意更改的，需要通过 IAP 功能对进行 Flash 编程才能实现。与 IAP 功能相关的寄存器如表 12-2~表 12-5 所示。

注意：这些寄存器都不可以进行位寻址操作。

表 12-2　ISP-IAP 相关寄存器

名称	描述	地址	位和符号							
			7	6	5	4	3	2	1	0
ISP_DATA	ISP-IAP 数据寄存器	0xE2	—							
ISP_ADDRH	ISP-IAP操作地址寄存器高位	0xE3	—							
ISP_ADDRL	ISP-IAP操作地址寄存器低位	0xE4	—							
ISP_CMD	ISP-IAP 命令寄存器	0xE5	—	—	—	—	—	—	MS1	MS0
ISP_TRIG	ISP-IAP 命令触发寄存器	0xE6	—							
ISP_CONTR	ISP-IAP 控制寄存器	0xE7	ISPEN	SWBS	SWRST	—	—	WT2	WT1	WT0

表 12-3　ISP-IAP 相关寄存器位的解释说明

寄存器	位/位域	名称	描述
ISP_CMD	1:0	MS1 MS0	IAP功能命令或模式选择位。 参阅表12-4
ISP_CONTR	7	ISPEN	IAP功能允许位 初始值为0，由软件置1或清零。 0：禁止ISP-IAP读写或擦除Data Flash； 1：允许ISP-IAP读写或擦除Data Flash

（续表）

寄存器	位/位域	名称	描述
ISP_CONTR	2:0	WT2 WT1 WT0	Data Flash操作等待时间设置位。 参阅表 12-5

表 12-4　IAP 功能命令或模式选择

MS1	MS0	说明
0	0	无IAP操作
0	1	允许对Data Flash/EEPROM区进行字节读取
1	0	允许对Data Flash/EEPROM区进行字节写入
1	1	允许对Data Flash/EEPROM区进行扇区擦除

表 12-5　Flash 操作等待时间选择

WT2	WT1	WT0	等待时间/机器周期			对应的推荐系统时钟
			读操作	写操作	扇区擦除操作	
0	1	1	6	30	5471	≤5MHz
0	1	0	11	60	10942	≤10MHz
0	0	1	22	120	21185	≤20MHz
0	0	0	43	240	43769	≤40MHz

12.3.1　读取操作

下面介绍 IAP 按字节读取 Flash 的方法。

1. 定义数据缓存变量

首先需要定义一个无符号字符型的变量存放将要读取到的内容，代码如下。

```
unsigned char dat;   //定义数据缓存变量
```

2. 打开 IAP 功能，并写入读取命令

对 ISP_CONTR 寄存器中的 ISPEN 位写 1 打开 IAP 功能，并根据系统时钟频率对 WT2、WT1 及 WT0 分别写入 0、0、1 设置 Flash 操作等待时间。对 ISP_CMD 寄存器中的 MS1、MS0 位写入 0 和 1，允许对 Data Flash/EEPROM 区进行字节读取，代码如下。

```
ISP_CONTR=0x81;    //打开 IAP 功能,允许编程改变 Flash,设置 Flash 操作等待时间
ISP_CMD = 0x01;    //允许对 Data Flash/EEPROM 区进行字节读取
```

3. 写入 IAP 操作的地址

假设需要写入的地址为 addr，通过以下代码分别向 ISP_ADDRL 和 ISP_ADDRH 寄存器写入 IAP 操作地址。

```
ISP_ADDRL = addr;              //写入 IAP 操作地址寄存器低位
ISP_ADDRH = addr >> 8;         //写入 IAP 操作地址寄存器高位
```

4. IAP 功能触发

向 ISP_TRIG 寄存器依次写入 0x46 和 0xB9，即可触发 IAP 功能，使其根据 ISP_CMD 中的命令对 IAP 进行操作，代码如下。

```
ISP_TRIG = 0x46;               //写入触发命令 0x46
ISP_TRIG = 0xB9;               //写入触发命令 0xB9
```

5. 读取数据

触发 IAP 功能后，将需要读出的数据存入缓存变量中，代码如下。

```
dat = ISP_DATA;                //将需要读出的数据存入缓存变量中
```

6. IAP 功能禁用

当所有数据读取完成后，为了防止误触发 IAP，可以禁用此功能。IAP 禁用操作不是必须的，但是本书建议，在不使用 IAP 功能时将其禁用。由于在本节第 2 步中已经设置了 Flash 操作等待时间，所以在执行第 5 步时，单片机将会在等待时间结束后再执行第 6 步中的代码，不需要在编程中考虑延时。对 ISP_CONTR、ISP_CMD 及 ISP_TRIG 寄存器写入初始值 0x00，即可禁用 IAP 功能，代码如下。

```
ISP_CONTR = 0x00;              //禁用 IAP 读写 Flash
ISP_CMD   = 0x00;              //待机模式,无 ISP 操作
ISP_TRIG  = 0x00;              //关闭 IAP 功能
```

12.3.2 擦除操作

由于 Flash 存储介质的特性，只能对其写入 "0" 而不能写入 "1"，所以需要对扇区进行擦除操作，即将扇区内的所有位均置 1。在首次对扇区执行写入操作时，必须先执行扇区擦除操作。

1. 打开 IAP 功能，并写入擦除命令

对 ISP_CONTR 寄存器中的 ISPEN 位写 1 打开 IAP 功能，并对 WT2、WT1 及 WT0 位分别写入 0、0、1 设置 Flash 操作的等待时间。对 ISP_CMD 寄存器中的 MS1、MS0 位分

别写入 0 和 1，允许对 Data Flash/EEPROM 区进行扇区擦除操作，代码如下。

```
ISP_CONTR=0x81;   //打开 IAP 功能,允许编程改变 Flash,设置 Flash 操作的等待时间
ISP_CMD = 0x03;   //允许对 Data Flash/EEPROM 区进行扇区擦除
```

2. 写入 IAP 操作的地址

Flash 的擦除是按照扇区进行的。假设需要擦除的扇区起始地址为 addr(4 位十六进制数)，将 addr 的低位赋值给 ISP_ADDRL 寄存器，将 addr 的高位赋值给 ISP_ADDRH 寄存器，代码如下。

```
ISP_ADDRL = addr;
ISP_ADDRH = addr >> 8;
```

addr 可以是扇区起始地址，也可以是扇区内的任意地址。但在一般情况下，建议使用扇区起始地址。

3. IAP 功能触发

向 ISP_TRIG 寄存器依次写入 0x46 和 0xB9，即可触发 IAP 功能，使其根据 ISP_CMD 中的命令对 IAP 进行操作，代码如下。

```
ISP_TRIG = 0x46;        //写入触发命令 0x46
ISP_TRIG = 0xB9;        //写入触发命令 0xB9
```

4. IAP 功能禁用

扇区擦除完成后，需要将 IAP 功能禁用。对 ISP_CONTR、ISP_CMD 及 ISP_TRIG 寄存器写入初始值 0x00，即可禁用 IAP 功能。

```
ISP_CONTR = 0x00;       //禁用 ISP 读写 EEPROM
ISP_CMD   = 0x00;       //待机模式,无 ISP 操作
ISP_TRIG  = 0x00;       //关闭 IAP 功能
```

12.3.3   写入操作

1. 打开 IAP 功能，并写入"写"命令

对 ISP_CONTR 寄存器中的 ISPEN 位写 1 打开 IAP 功能，并对 WT2、WT1 及 WT0 位分别写入 0、0、1 设置 Flash 操作的等待时间。对 ISP_CMD 寄存器中的 MS1、MS0 位分别写入 1 和 0，允许对 Data Flash/EEPROM 区进行字节写入，代码如下。

```
ISP_CONTR=0x81;
ISP_CMD = 0x02;
```

2. 写入 IAP 操作的地址

假设需要写入的地址为 addr(4 位十六进制数)，将 addr 的低位赋值给 ISP_ADDRL 寄存器，将 addr 的高位赋值给 ISP_ADDRH 寄存器，代码如下。

```
ISP_ADDRL = addr;            //写入 IAP 操作地址寄存器低位
ISP_ADDRH = addr >> 8;       //写入 IAP 操作地址寄存器低位
```

3. 写入数据

假设已经将需要写入的数据存入 unsigned char 型的变量 dat，通过以下代码将需要写入的数据放入 ISP_DATA 寄存器中。

```
ISP_DATA = dat;              //将需要写入的数据放入 ISP_DATA 寄存器中
```

4. IAP 功能触发

向 ISP_TRIG 寄存器依次写入 0x46 和 0xB9，即可触发 IAP 功能，使其根据 ISP_CMD 中的命令对 EEPROM 区进行相应的操作，代码如下。

```
ISP_TRIG = 0x46;             //对 ISP_TRIG 寄存器写入触发命令 0x46
ISP_TRIG = 0xB9;             //对 ISP_TRIG 寄存器写入触发命令 0xB9
```

5. IAP 功能禁用

数据写入完成后，需要禁用 IAP 功能。对 ISP_CONTR、ISP_CMD 及 ISP_TRIG 寄存器写入初始值 0x00，即可禁用 IAP 功能，代码如下。

```
ISP_CONTR = 0x00;            //禁用 IAP 读写 EEPROM
ISP_CMD   = 0x00;            //待机模式,无 IAP 操作
ISP_TRIG  = 0x00;            //关闭 IAP 功能
```

12.4 Flash 读写注意事项

视频 12-4

(1) 必须先对扇区进行擦除，再写入。

(2) 在单片机工作电压偏低时，不建议进行 IAP 读写 Flash 操作。

(3) IAP 读写或擦除 Flash 命令的地址范围为 0x2000～0x2FFF，不能对地址为 0x0000～0x1FFF 内的程序区进行任何 IAP 操作。

(4) 由于 IAP 操作仅支持以字节方式读取或写入，建议需要同一次修改的数据放在同一个扇区中，不需要同一次修改的数据放在其他扇区中，不需要把扇区中的 512 字节都用满。如果在一个扇区内存放了大量的数据，需要修改其中的一小部分时，则需要先将该扇区中的数据读出至 RAM 中，然后擦除整个扇区，再将数据从 RAM 写入 Flash 中。

（5）在STC-ISP软件中，可以在下载程序时对EEPROM区进行擦除。如图12-2所示，在选中"本次下载需要修改硬件选项"复选框后，如果选中"下次下载用户程序时擦除用户 EEPROM 区"复选框，则 EEPROM 区中的所有内容将会被擦除。

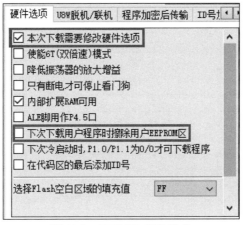

图 12-2　STC-ISP 硬件选项

12.5　实例与代码解析

视频 12-5

在本章实例中，首先要学习 IAP 功能的原理，了解 IAP 相关的特殊功能寄存器，并掌握内部 Flash 的读写和擦除方法，编写程序实现内部 Flash 的读写和擦除操作。

本实例在第 4 章独立按键输入实例的基础上，编写程序实现内部 Flash 的读写和擦除操作，记录下 LED 灯的亮灭状态，并能在重新通电复位后，恢复断电前 LED 灯的亮灭状态。编程要点如下。

（1）添加并编写 EEPROM 文件对。

（2）编写 IAP 触发与禁用函数。

（3）编写 EEPROM 区读写和擦除操作函数。

（4）在独立按键实例的基础上，添加 EEPROM 读写操作。

EEPROM 实例的程序设计流程如图 12-3 所示。

在前面的实例中，都在一个main.c 文件中完成所有的功能，将所有函数、代码都写在单一个文件中。当代码量较大时，不利于后期的维护和模块化管理。本实例的项目架构如图 12-4 所示。main.c 可调用 EEPROM.c/.h 文件，其中.h 文件为头文件，主要用于声明 API 函数，即能够被其他文件调用的全局函数；.c 文件用于定义 API 函数，即实现 API 函数的具体功能。

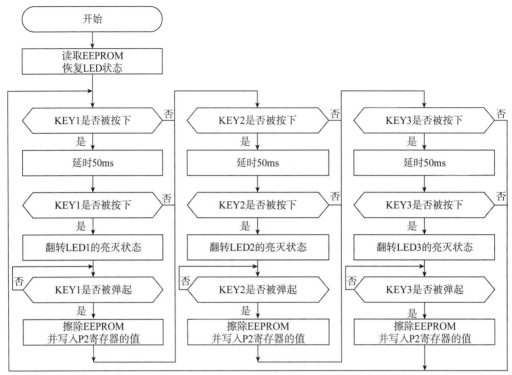

图 12-3　内部 Flash 记录 LED 亮灭状态实例的程序设计流程

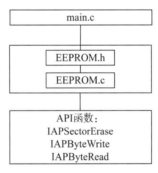

图 12-4　本实例的项目架构

与内部函数对应的就是外部函数，声明外部函数的一般格式如下。

```
extern 类型名 函数名(形参);
```

外部函数可在其他文件中调用。如果在声明函数时省略 extern，则默认为外部函数。在需要调用此函数的其他文件中，需要对此函数进行声明并加关键字 extern，表示该函数为其他文件中定义的外部函数。建议外部函数都不需要添加 extern 关键字，这样也称外部函数为 API 函数。

下面介绍本实例的实现步骤。

1. 新建并添加 EEPROM 文件对

EEPROM 文件对指 EEPROM.c 和 EEPROM.h 文件。除包含主函数的 main.c 文件外，

建议为其余每个.c 文件创建一个同名的.h 文件，将.c 文件和其对应的.h 文件称为文件对。外部函数均在 EEPROM.h 中声明，在 EEPROM.c 文件中定义。内部函数既在.c 文件中声明，同时又在.c 文件中定义。

　　创建并添加 EEPROM 文件对的步骤如下。在新建工程的基础上，在 Project 面板下的 Source Group1 中新建并添加 EEPROM.c 文件和 EEPROM.h 文件。新建并添加头文件的方法与添加源代码文件的方法类似。如图 12-5 所示，在"Add New Item to Group'Source Grop 1'"对话框左侧文件类型中选择"Header File(.h)"选项，在下方"Name"文本框中输入"EEPROM"作为文件名，并检查"Location"文本框中是否为"51KeilTest"文件夹。最后单击"Add"按钮，即可完成头文件的新建与添加操作。

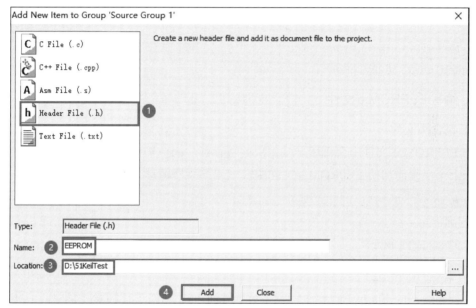

图 12-5　新建并添加头文件

文件添加完成后，Source Group1 的文件架构如图 12-6 所示。

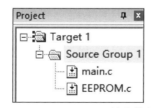

图 12-6　Source Group1 的文件架构

2. 编写 EEPROM.h 文件

1) 定义 ISP-IAP 相关寄存器

ISP-IAP 相关寄存器没有在 reg52.h 头文件中定义，因此需要使用 sfr 关键字定义这些寄存器，如程序清单 12-1 所示。

程序清单 12-1

```
1.   sfr ISP_DATA  = 0xE2;      //定义 ISP-IAP 操作时的数据寄存器
2.   sfr ISP_ADDRH = 0xE3;      //定义 ISP-IAP 操作地址寄存器高位
3.   sfr ISP_ADDRL = 0xE4;      //定义 ISP-IAP 操作地址寄存器低位
4.   sfr ISP_CMD   = 0xE5;      //定义 ISP-IAP 命令寄存器
5.   sfr ISP_TRIG  = 0xE6;      //定义 ISP-IAP 命令触发寄存器
6.   sfr ISP_CONTR = 0xE7;      //定义 ISP-IAP 控制寄存器
```

2) 声明 API 函数

为了在外部直接调用，需要对 3 个 API 函数进行声明，如程序清单 12-2 所示。

程序清单 12-2

```
void IAPSectorErase(unsigned int addr);                        //擦除指定扇区的函数
void IAPByteWrite(unsigned int addr, unsigned char dat);  //字节写入函数
unsigned char IAPByteRead(unsigned int addr);                  //字节读取函数
```

3. 编写 EEPROM.c 文件

1) 包含头文件

在 EEPROM.c 文件中会调用一些常用的寄存器，因此需要包含 reg52.h 头文件，也要包含在上个步骤添加的 EEPROM.h 文件中，代码如程序清单 12-3 所示。

程序清单 12-3

```
#include <reg52.h>
#include <EEPROM.h>
```

2) 编写内部函数

在读写或擦除 Flash 的过程中，需要频繁地对 IAP 功能进行触发或禁用，因此将这部分代码封装成内部函数，便于重复使用，代码如程序清单 12-4 所示。

程序清单 12-4

```
1.   static void IAPTrigger()
2.   {
3.       ISP_TRIG = 0x46;       //对 ISP-IAP 命令触发寄存器写入触发命令 0x46
4.       ISP_TRIG = 0xB9;       //对 ISP-IAP 命令触发寄存器写入触发命令 0xB9
5.   }
6.
7.   static void IAPDisable()
8.   {
9.       ISP_CONTR = 0x00;      //禁用 IAP 读写 EEPROM
10.      ISP_CMD   = 0x00;      //无 IAP 操作
11.      ISP_TRIG  = 0x00;      //关闭 IAP 功能
12.  }
```

4. 编写 API 函数

1) 按字节读取指定扇区数据的函数

首先编写的 API 函数为按字节读取指定扇区数据的函数，将读取 Flash 方法封装成函数，代码如程序清单 12-5 所示。其中，参数 addr 为需要执行读取操作的扇区地址。

程序清单 12-5

```
1.   unsigned char IAPByteRead(unsigned int addr)
2.   {
3.       unsigned char dat;            //定义数据缓存变量
4.       ISP_CONTR = 0x81;
         //打开 IAP 功能,允许编程改变 Flash,设置 Flash 操作的等待时间
5.       ISP_CMD   = 0x01;            //允许对 Data Flash/EEPROM 区进行字节读取
6.
7.       ISP_ADDRL = addr;            //IAP 操作地址寄存器低位
8.       ISP_ADDRH = addr >> 8;       //IAP 操作地址寄存器高位
9.
10.      IAPTrigger();                //触发 IAP 功能
11.      dat = ISP_DATA;              //将需要读出的数据放入缓存变量中
12.      IAPDisable();                //禁用 IAP 功能
13.      return dat;                  //将读取到的数据作为返回值
14.  }
```

2) 擦除指定扇区的函数

将擦除 Flash 的方法封装成函数，代码如程序清单 12-6 所示。其中，参数 addr 为需要执行擦除操作的扇区地址。

程序清单 12-6

```
1.   void IAPSectorErase(unsigned int addr)
2.   {
3.       ISP_CONTR = 0x81;
         //打开 IAP 功能,允许编程改变 Flash,设置 Flash 操作的等待时间
4.       ISP_CMD   = 0x03;            //允许对 Data Flash/EEPROM 区进行扇区擦除
5.
6.       ISP_ADDRL = addr;            //写入 IAP 操作地址寄存器低位
7.       ISP_ADDRH = addr >> 8;       //写入 IAP 操作地址寄存器高位
8.
9.       IAPTrigger();                //触发 IAP 功能
10.      IAPDisable();                //禁用 IAP 功能
11.  }
```

3) 按字节写入指定扇区函数

将写入 Flash 的方法封装成函数，代码如程序清单 12-7 所示。其中，参数 addr 为需要

执行写入操作的扇区地址，参数 dat 为需要写入的数据。

程序清单 12-7

```
1.   void IAPByteWrite(unsigned int addr, unsigned char dat)
2.   {
3.       ISP_CONTR = 0x81;
             //打开 IAP 功能,允许编程改变 Flash,设置 Flash 操作的等待时间
4.       ISP_CMD   = 0x02;              //允许对 Data Flash/EEPROM 区进行字节写入
5.
6.       ISP_ADDRL = addr;             //IAP 操作地址寄存器低位
7.       ISP_ADDRH = addr >> 8;        //IAP 操作地址寄存器高位
8.       ISP_DATA = dat;               //将需要写入的数据放入 ISP_DATA 中
9.
10.      IAPTrigger();                 //触发 IAP 功能
11.      IAPDisable();                 //禁用 IAP 功能
12.  }
```

5. 编写 main.c 文件

1) 包含头文件

当 main.c 文件中的函数要调用 EEPROM.c 文件中的函数时，必须在 main.c 文件中包含 EEPROM.h 头文件，由于在 EEPROM.h 中已经声明了要被调用的函数，所以在 main.c 文件中也就相当于声明了该函数。在新建的 main.c 文件中，添加包含头 reg52.h 及 EEPROM.h 文件的代码，如程序清单 12-8 所示。

程序清单 12-8

```
#include <reg52.h>
#include <EEPROM.h>
```

2) 位定义 LED 与按键

本实例涉及 KEY1～KEY3 及 LED1～LED3，位定义代码如程序清单 12-9 所示。

程序清单 12-9

```
1.   sbit LED1 = P2 ^ 4; //位定义 LED1
2.   sbit LED2 = P2 ^ 5; //位定义 LED2
3.   sbit LED3 = P2 ^ 6; //位定义 LED3
4.   sbit KEY1 = P3 ^ 2; //位定义 KEY1
5.   sbit KEY2 = P3 ^ 3; //位定义 KEY2
6.   sbit KEY3 = P3 ^ 4; //位定义 KEY3
```

3) 编写延时函数

按键去抖过程中涉及延时等待，需要编写如程序清单 12-10 所示的延时函数。

程序清单 12-10

```
1.   static void DelayNms(int nms)
2.   {
3.     unsigned int i,j;
4.     for(i = 0; i < nms; i++)
5.     {
6.       for(j = 0; j < 123; j++)
7.       {
8.
9.       }
10.    }
11.  }
```

4）编写主函数

主函数的代码如程序清单 12-11 所示。在按键实例的基础上，加入 IAP 相关的读写函数。

（1）第 3 行代码：51 核心板通电时读取起始地址为 0x2000 的扇区中的值，并赋值给 P2 寄存器，即恢复 LED 灯的亮灭状态。

（2）第 13 和第 14 行代码：当使用按键切换了 LED 的亮灭状态时，首先对 0x2000 扇区进行擦除，然后对其写入 P2 寄存器中的值。这样，就能将当前的 LED 亮灭状态记录在 EEPROM 中。

程序清单 12-11

```
1.   void main()
2.   {
3.     P2 = IAPByteRead(0x2000);
       //读取起始地址为 0x2000 的扇区中的值,赋值给 P2 寄存器,恢复 LED 灯的状态
4.     while(1)
5.     {
6.       if(0 == KEY1)                          //第一次检测到 KEY1 按键被按下
7.       {
8.         DelayNms(50);
           //等待约 50ms 后再次检测按键是否被按下,消除按键抖动带来的影响
9.         if(0 == KEY1)                        //第二次检测到 KEY1 按键被按下
10.        {
11.          LED1 = ~LED1;                       //对 LED1 状态取反,改变 LED1 的亮灭状态
12.          while(0 == KEY1);                   //等待按键被弹起
13.          IAPSectorErase(0x2000);             //擦除起始地址为 0x2000 的扇区
14.          IAPByteWrite(0x2000,P2);            //对起始地址为 0x2000 的扇区写入 P2 寄存器的值
15.        }
16.      }
17.
```

18.	if(0 == KEY2)	//第一次检测到 KEY2 按键被按下
19.	{	
20.	DelayNms(50); //等待约 50ms 后再次检测按键是否被按下,消除按键抖动带来的影响	
21.	if(0 == KEY2)	//第二次检测到 KEY2 按键被按下
22.	{	
23.	LED2 = ~LED2;	//对 LED2 状态取反,改变 LED2 的亮灭状态
24.	while(0 == KEY2);	//等待按键被弹起
25.	IAPSectorErase(0x2000);	//擦除起始地址为 0x2000 的扇区
26.	IAPByteWrite(0x2000,P2);	//对起始地址为 0x2000 的扇区写入 P2 寄存器的值
27.	}	
28.	}	
29.		
30.	if(0 == KEY3)	//第一次检测到 KEY3 按键被按下
31.	{	
32.	DelayNms(50);	//等待约 50ms 后再次检测按键是否被按下,消除按键抖动带来的影响
33.	if(0 == KEY3)	//第二次检测到 KEY3 按键被按下
34.	{	
35.	LED3 = ~LED3;	//改变 LED3 的开关状态
36.	while(0 == KEY3);	//等待按键被弹起
37.	IAPSectorErase(0x2000);	//擦除起始地址为 0x2000 的扇区
38.	IAPByteWrite(0x2000,P2);	//对起始地址为 0x2000 的扇区写入 P2 寄存器的值
39.	}	
40.	}	
41.	}	
42.	}	

将上述代码在 Keil 中编辑并编译,使用 STC-ISP 软件将 Keil 生成的.hex 文件下载至 51 核心板。实例现象如图 12-7 所示,按下 KEY1 后,LED1 亮起;KEY2 按键与 KEY3 按键则分别控制 LED2 与 LED3。当 51 核心板断电再重新通电或按下复位按键后,LED 将会保持断电前或复位前的亮灭状态。

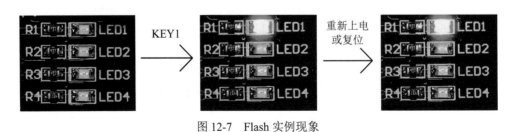

图 12-7　Flash 实例现象

思考题

1. 什么是 ISP？什么是 IAP？
2. 51 单片机中有哪些类型的数据存储器？
3. 为什么每次写入 Flash 前都要进行擦除操作？
4. 简述 IAP 读取和写入 Flash 的操作流程。

应用实践

1. 基于按键计数器任务，将按键的计数结果保存至内部 Flash。要求：在 51 核心板重新通电或复位后，计数结果不归零，并且记录范围为 0～255。

2. 实现 Flash 的连续写入与读取。任务提示：配置 ISP 寄存器后，循环写入操作地址、操作数，并循环触发 IAP 功能，即可实现连续写入。

附录

附录 A 数制及转换方法

A.1 常用数制介绍

在 51 单片机开发过程中，常用的数制有十进制、二进制和十六进制。

A.1.1 十进制

十进制由 0～9 共 10 个数字组成，逢十进一，是日常生活中最常用的数制。

A.1.2 二进制

二进制由 0 和 1 共两个数字组成，逢二进一，通常在数字前面加上"0b"或数字末尾加上"B"表示二进制数，如 0b1100 或 1100B。

A.1.3 十六进制

十六进制由数字 0～9 再加上字母 A～F(或 a～f)组成，逢十六进一，通常在数字前面加上"0x"或在数字末尾加上"H"表示十六进制数，如 0x8A 或 8AH。

A.2 数制转换关系

A.2.1 二进制转换为十进制

将二进制数按照位权展开，然后将各项的值按十进制数相加，即可得到相应的十进制数。例如：

$$(1\ 0\ 0\ 0\ 1\ 1\ 1\ 1\ 0\ 1)_B = 2^9 + 2^5 + 2^4 + 2^3 + 2^2 + 2^0 = (573)_D$$

位权：9 8 7 6 5 4 3 2 1 0

A.2.2　十进制转换为二进制

将要转换的十进制整数除以 2，取余数；再用商除以 2，直到商等于 0 为止，将每次得到的余数按倒序排列起来即可得到相应的二进制数。以十进制数 573 转换为二进制数 1000111101 为例，其转换过程如下。

```
2 │ 573  … 1
2 │ 286  … 0
2 │ 143  … 1
2 │  71  … 1
2 │  35  … 1
2 │  17  … 1
2 │   8  … 0
2 │   4  … 0
2 │   2  … 0
2 │   1  … 1
      0   余数
```

A.2.3　二进制转换为十六进制

将二进制数转换为十六进制数时，从右向左将二进制数中的每 4 个分为一组，高位不足的补 0，将每一组中的数字分别转换为十六进制数，例如：

$$(10\ 0011\ 1101)_B = \frac{0010}{2}\frac{0011}{3}\frac{1101}{D} = (23D)_H$$

A.2.4　十六进制转换为二进制

十六进制转换为二进制的过程，即是二进制转换为十六进制的逆过程。将每个十六进制数分别转换为 4 位二进制数即可，例如：

$$(23D)_H = \frac{2}{0010}\frac{3}{0011}\frac{D}{1101} = (10\ 0011\ 1101)_B$$

十进制与十六进制之间的转换，建议先将其转换为二进制，再进行转换。

如表 A-1 所示为二进制、十进制及十六进制之间的转换关系。

表 A-1　进制之间的转换关系

二进制	十进制	十六进制	二进制	十进制	十六进制
0000B	0	0x0	1000B	8	0x8
0001B	1	0x1	1001B	9	0x9
0010B	2	0x2	1010B	10	0xA

(续表)

二进制	十进制	十六进制	二进制	十进制	十六进制
0011B	3	0x3	1011B	11	0xB
0100B	4	0x4	1100B	12	0xC
0101B	5	0x5	1101B	13	0xD
0110B	6	0x6	1110B	14	0xE
0111B	7	0x7	1111B	15	0xF

在实际开发过程中，可以借助 Windows 内置计算器中的"程序员"功能进行数制转换，如图 A-1 所示。

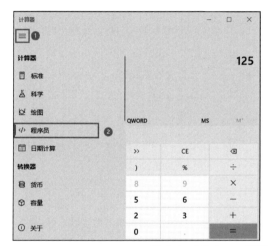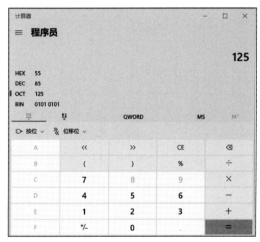

图 A-1 Windows 内置的计算器"程序员"功能

附录 B 逻辑门表示符号

常用逻辑门表示符号见表 B-1。

表 B-1 常用逻辑门表示符号

名称	国标符号	国际符号	作用
与门			两个输入端均为高电平时，输出高电平；其中一个输入端为低电平时，输出低电平

(续表)

名称	国标符号	国际符号	作用
或门	≥1		两个输入端中有一个为高电平时,输出高电平;均为低电平时,输出低电平
非门	1		翻转输入端的状态。输入为高电平时,输出低电平;输入为低电平时,输出高电平
与非门	&		两个输入端均为高电平时,输出低电平;其中一个为低电平时,输出高电平
或非门	≥1		两个输入端中有一个为高电平时,输出低电平;均为低电平时,输出高电平
异或门	=1		两个输入端的电平状态相同时,输出低电平,否则输出高电平
同或门	=1		两个输入端的电平状态相同时,输出高电平,否则输出低电平

附录 C 常用寄存器及部分位的解释说明

C.1 中断相关寄存器

中断相关寄存器及其部分位的解释说明见表 C-1 和表 C-2。

表 C-1　中断相关寄存器

名称	描述	地址	位和符号							
			7	6	5	4	3	2	1	0
IE	中断允许寄存器	0xA8	EA	—	ET2	ES	ET1	EX1	ET0	EX0
IP	中断优先级控制寄存器	0xB8	—	—	PT2	PS	PT1	PX1	PT0	PX0

表 C-2　中断相关寄存器部分位的解释说明

寄存器	位	名称	描述
IE	7	EA	CPU总中断允许控制位。 初始值为0，由软件置1或清零。 0：屏蔽所有中断； 1：允许中断
	4	ES	串口中断允许控制位。 初始值为0，由软件置1或清零。 0：禁止串口中断； 1：允许串口中断
IP	4	PS	串口中断优先级控制位。 初始值为0，由软件置1或清零。 0：设置串口中断的中断优先级为低优先级； 1：设置串口中断的中断优先级为高优先级
	3	PT1	定时器/计数器1的中断优先级控制位。 初始值为0，由软件置1或清零。 0：设置定时器/计数器1的中断优先级为低优先级； 1：设置定时器/计数器1的中断优先级为高优先级
	2	PX1	外部中断1的中断优先级控制位。 初始值为0，由软件置1或清零。 0：设置外部中断1的中断优先级为低优先级； 1：设置外部中断1的中断优先级为高优先级
	1	PT0	定时器/计数器0的中断优先级控制位。 初始值为0，由软件置1或清零。 0：设置定时器/计数器0的中断优先级为低优先级； 1：设置定时器/计数器0的中断优先级为高优先级
IP	0	PX0	外部中断0的中断优先级控制位。 初始值为0，由软件置1或清零。 0：设置外部中断0的中断优先级为低优先级； 1：设置外部中断0的中断优先级为高优先级

C.2 定时器/计数器相关寄存器

定时器/计数器相关内容见表 C-3～表 C-5。

表 C-3　定时器/计数器相关寄存器

名称	描述	地址	位和名称							
			7	6	5	4	3	2	1	0
TH1	定时器1计数值高位	0x8D	—							
TH0	定时器0计数值高位	0x8C	—							
TL1	定时器1计数值低位	0x8B	—							
TL0	定时器0计数值低位	0x8A	—							
TMOD	定时器模式寄存器	0x89	GATE	C/$\overline{\text{T}}$	M1	M0	GATE	C/$\overline{\text{T}}$	M1	M0
			定时器/计数器1				定时器/计数器0			
TCON	定时器控制寄存器	0x88	TF1	TR1	TF0	TR0	IE1	IT0	IE0	IT0

表 C-4　定时器/计数器相关寄存器部分位的解释说明

寄存器	位/位域	名称	描述
TMOD	7	GATE	定时器/计数器 1 的门控制位。 初始值为 0，由软件置 1 或清零。 0：不受INT1控制； 1：仅在INT1为高电平时允许启动
	6	C/$\overline{\text{T}}$	定时器/计数器 1 的功能选择位。 0：作为定时器使用； 1：作为计数器使用
	5:4	M1、M0	定时器/计数器 1 的工作模式选择
	3	GATE	定时器/计数器 0 的门控制位。 初始值为 0，由软件置 1 或清零。 0：不受INT0控制； 1：仅在INT0为高电平时允许启动
	2	C/$\overline{\text{T}}$	定时器/计数器 0 的功能选择位。 0：作为定时器使用；
TMOD	2	C/$\overline{\text{T}}$	1：作为计数器使用
	1:0	M1、M0	定时器/计数器 0 的工作模式选择
TCON	7	TF1	定时器/计数器1溢出的中断请求标志位。 初始值为0，发生溢出时硬件置1，执行中断服务函数时硬件清零。 0：定时器/计数器1溢出无中断请求； 1：定时器/计数器1溢出有中断请求

(续表)

寄存器	位/位域	名称	描述
TCON	6	TR1	定时器/计数器1的运行控制位。 0：禁止定时器/计数器1计数； 1：允许定时器/计数器1计数
	5	TF0	定时器/计数器0溢出的中断请求标志位。 初始值为0，发生溢出时硬件置1，执行中断服务函数时硬件清零。 0：定时器/计数器0溢出无中断请求； 1：定时器/计数器0溢出有中断请求
	4	TR0	定时器/计数器0的运行控制位。 0：禁止定时器/计数器0计数； 1：允许定时器/计数器0计数
	3	IE1	外部中断1的中断请求标志位。 初始值为0，中断触发时硬件置1，执行中断服务函数时硬件清零。 0：外部中断1无中断请求； 1：外部中断1有中断请求
	2	IT1	外部中断1的触发方式选择位。 初始值为0，由软件置1或清零。 0：外部中断1触发方式为低电平触发； 1：外部中断1触发方式为下降沿触发
	1	IE0	外部中断0的中断请求标志位。 初始值为0，中断触发时硬件置1，执行中断服务函数时硬件清零。 0：外部中断0无中断请求； 1：外部中断0有中断请求
	0	IT0	外部中断0的触发方式选择位。 初始值为0，由软件置1或清零。 0：外部中断0触发方式为低电平触发； 1：外部中断0触发方式为下降沿触发

表 C-5 定时器/计数器工作模式选择

M1	M0	工作模式	说明
0	0	0	13位定时器/计数器
0	1	1	16位定时器/计数器
1	0	2	8位定时器/计数器，可自动重装载
1	1	3	两组独立的8位定时器

C.3 串口相关寄存器

串口相关寄存器主要内容见表 C-6～表 C-8。

表 C-6　串口相关寄存器

名称	描述	地址	位和名称							
			7	6	5	4	3	2	1	0
SCON	串口控制寄存器	0x98	SM0	SM1	SM2	REN	TB8	TR8	TI	RI
PCON	电源管理寄存器	0x87	SMOD	SMOD0	—	POF	GF1	GF0	PD	IDL

表 C-7　串口相关寄存器部分位的解释说明

寄存器	位/位域	名称	描述
SCON	7:6	SM0、SM1	串口工作模式选择位。初始值为0，由软件置1或清零
	4	REN	串口通信接收允许位。初始值为0，由软件置1或清零。0：禁止串口接收；1：允许串口接收
	1	TI	串口发送中断请求标志位。初始值为0。在工作模式0中，当数据发送结束时，由硬件置1。在其他工作模式中，则在停止位开始发送时由硬件置1。必须由软件清零
	0	RI	串口接收中断请求标志位。初始值为0。在工作模式0中，当数据接收结束时，由硬件置1。在其他工作模式中，则在停止位开始发送时由硬件置1。必须由软件清零
PCON	7	SMOD	串口波特率选择位。初始值为0，由软件置1或清零。0：串口通信波特率不加倍；1：串口通信波特率加倍

表 C-8　串口工作模式选择

SM0	SM1	工作模式	功能
0	0	0	8位同步移位寄存器
0	1	1	10位帧格式UART，波特率可变
1	0	2	11位帧格式UART，波特率固定
1	1	3	11位帧格式UART，波特率可变

附录 D 51 核心板电路图

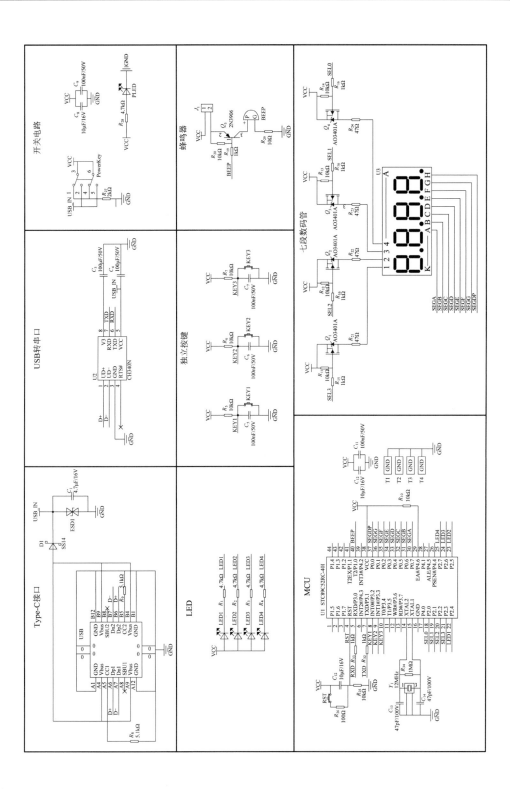

参考文献

[1] 杜洋. 爱上单片机[M]. 4 版. 北京：人民邮电出版社，2018.

[2] 郭天祥. 新概念 51 单片机 C 语言教程[M]. 北京：电子工业出版社，2018.

[3] 王静霞. 单片机基础与应用(C 语言版)[M]. 北京：高等教育出版社，2016.

[4] 郭文川. MCS-51 单片机原理、接口及应用[M]. 北京：电子工业出版社，2013.

[5] 宋雪松，李冬明，崔长胜. 手把手教你学 51 单片机(C 语言版)[M]. 北京：清华大学出版社，2014.

[6] 丁向荣. STC 单片机应用技术——从设计、仿真到实践[M]. 2 版. 北京：电子工业出版社，2020.

[7] 何宾. STC 单片机 C 语言程序设计：8051 体系架构、编程实例及实战项目[M]. 北京：清华大学出版社，2018.

[8] 高显生. 迷人的 8051 单片机[M]. 北京：机械工业出版社，2016.